普通高等教育建筑与环境艺术类
精品规划教材

# 家具设计

范　蓓◎编著

中国水利水电出版社
www.waterpub.com.cn

## 内 容 提 要

本书是根据国内外最新专业资讯和国内家具企业对家具人才的需求而编写的一本专门训练读者现代家具设计与制造能力的特色教材。围绕着培养中高级家具设计人才这个目标，本书对相关学科的专业进行了整合，以家具设计为中心，以家具制造工艺为基础，辅以设计实务等相关知识。全书介绍了家具发展简史、家具造型设计、家具设计人体工学、家具设计材料与工艺、新产品创意开发及设计程序等，以课题的形式，按单元讲解，形式新颖，内容丰富，易学易用。

本书适合于室内与家具设计专业、工业产品设计专业、环境艺术设计专业、木材科学与工程专业及其他相关专业教学使用。

**图书在版编目（CIP）数据**

家具设计 / 范蓓编著. -- 北京 : 中国水利水电出版社, 2010.8(2015.2重印)
普通高等教育建筑与环境艺术类精品规划教材
ISBN 978-7-5084-7614-8

Ⅰ. ①家… Ⅱ. ①范… Ⅲ. ①家具－设计－高等学校－教材 Ⅳ. ①TS664.01

中国版本图书馆CIP数据核字(2010)第146955号

| | |
|---|---|
| 书　　名 | 普通高等教育建筑与环境艺术类精品规划教材<br>**家具设计** |
| 作　　者 | 范蓓　编著 |
| 出版发行 | 中国水利水电出版社<br>（北京市海淀区玉渊潭南路 1 号 D 座　100038）<br>网址：www.waterpub.com.cn<br>E-mail：sales@waterpub.com.cn<br>电话：（010）68367658（发行部） |
| 经　　售 | 北京科水图书销售中心（零售）<br>电话：（010）88383994、63202643、68545874<br>全国各地新华书店和相关出版物销售网点 |
| 排　　版 | 北京时代澄宇科技有限公司 |
| 印　　刷 | 北京鑫丰华彩印有限公司 |
| 规　　格 | 210mm×285mm　16 开本　11.25 印张　281 千字 |
| 版　　次 | 2010 年 8 月第 1 版　2015 年 2 月第 4 次印刷 |
| 印　　数 | 9101—11100 册 |
| 定　　价 | 48.00 元 |

# 序

改革开放30年，在建筑界造就了一个行业——中国建筑装饰；在教育界成就了一个专业——环境艺术设计。中国建筑装饰行业的建立与发展，涉及建筑学、建筑工程学、风景园林学、艺术学等学科的理论指导，其业务范围涵盖建筑主体的内外空间。作为高等院校相对应的学科建设来看，除了传统的建筑类学科之外，艺术类的环境艺术设计专业，成为适应性强、就业面广的重要人才培养基地。

从理论建构到社会实践，环境艺术与环境艺术设计都是两种概念。由于环境艺术设计的边缘与综合特征，其观念的指导性远胜于实践的操作性。因此在社会运行的层面，环境艺术设计还是以建筑室内与建筑景观的定位，进行设计的操作，相对符合时代背景的限定。

环境艺术设计的专业特征——体现设计空间范围的难度、进入人类社会生活的深度、涉及不同专业领域的广度，相对高于二维平面与三维立体各类设计的专业方向。边缘性、多元化、综合型的专业特征，使得环境艺术设计专业方向，在不同学校以各具特色的方式和各自理解的教学方法，按照职业教育和素质教育的两种范式向前发展。

尽管目前在高等院校进行的高等设计教育，使用统编的专业教材，并不符合培养复合型、创新性人才的相应教学，但在中国设计教育超速发展的态势下，实际上大多数大学本科设计专业的教学，还是一种专业基础知识和技能的传授。因此编写打破人文艺术与工程技术专业界墙，适合不同类型高校教学的通用教材，就成为高等院校设计教育教材编写的一种方向。现在看到的这套《普通高等教育建筑与环境艺术类精品规划教材》，就是以这样的理念策划与出版的。

设计的基本要素，一个是时间，一个是空间。我们都知道，在爱因斯坦以前，物理的时间概念是绝对的；而这之后发生了颠覆，时间也变为相对的。于是，通过时间进行环境体验便成为被科学证明的问题。作为今天的高等设计教育，其设计观念的培育，从本源上就是要建立正确的设计时空观。

东方文化艺术，尤其是中国的文化艺术，更注重于时间概念的体现，而非是空间概念的形态。这一点，在建筑环境中体现得尤为明显。中国建筑环境所营造的体系与西方建筑环境相比是完全不同的两条路。同济大学教授陈从周的《说园》中，有一句话非常经典："静之物，动亦存焉。"这句话的意思就是：动与静是相对的。换作时空的概念："静"是空间的一种存在形式，而"动"则是以时间的远近来实现它的一种媒介。它表明东方传统的时空观是一个完整系统。关键在于，它的建筑环境一定要体现一种时空的融会。而时空融会的概念所反映的就是以环境定位的艺术观。

可以看出环境的艺术美学特征显现需要冲破传统的理念，这就是时间因素对于空间因素的相对性。城市与区域规划中美学价值的体现之所以未被关注，就在于基于时空概念的环境美学观尚未被人们所理解和重视。即使是建筑学和风景园林学领域的美学价值，在许多人的认识中还是以传统的美学观来判定，尚未上升到环境美学的境界。也就是说需要建立时空综合的环境艺术创作系统，来切实体现环境美学的理论价值。

由于环境的艺术是一种需要人的全部感官，通过特定场所的体验来感受的艺术，是一个主要靠时间的延续来反复品味的过程。因此，在环境艺术设计中，时间因素相对于空间因素具有更为重要的作用。在这里空间的实体与虚拟形态呈现出相互作用的关系，只有通过人在时间流淌的观看与玩赏中，才能真切地体会作品所传达的意义。环境的艺术空间表现特征，是以时空综合的艺术表现形式所显现的美学价值来决定的。“价值产生于体验当中，它是成为一个人所必需的要素。”[1]环境艺术作品的审美体验，正是通过人的主观时间印象积累，所形成的特定场所阶段性空间形态信息集成的综合感受。

中国高等院校现在培养的学生，是未来 30 年高端设计乃至创新型国家建设的人才储备，能否脱颖而出在于今天的教育。在这里教材只是教育者的一种工具，关键的问题在于教育者的教育观念，具体到一个专业，又在于专业教育观念的正确性。

2010 年 6 月 28 日

于清华大学美术学院

---

[1] ［美］阿诺德·伯林特，著．环境美学．张敏，周雨，译．长沙：湖南科学技术出版社，2006

# 前 言

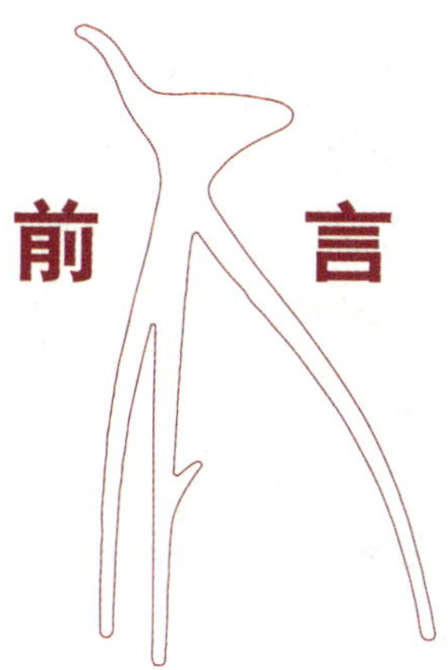

本书是根据国内外最新专业资讯和国内家具企业对家具专业人才的需求，而编写的专门训练现代家具设计与制造能力的特色教材。本书力求突出新内容、新设计、新案例、新工艺、新技术、新材料。围绕培养中、高级家具设计人才这个目标，进行相关学科的专业整合，以家具设计为中心，以家具制造工艺为基础，辅以设计实务等相关知识。

本书可以作为普通本科院校艺术设计学科工业产品设计、环境艺术设计、室内设计等专业的家具设计课程教材，也可以作为高等职业教育艺术专业教材。除此之外，本书还可以作为家具企业培训教材及家具专业人员的参考读物。

作者结合自身教学实践，增编了许多案例，做到既有理论又有实践，通俗易懂，便于教师的教学和学生的学习，有助于促进教学质量的提高。

讲授家具设计是一件不容易的事，为学生寻找到合适的相关资料用于课堂讲授，一直以来都是一个挑战。一般来说，这种资料不是源于建筑就是源于艺术，或者，更糟糕一点的情况是，源于技术方面，那样的话读起来就像工程资料一样。没错，家具设计是根植于建筑、艺术及工程技术而生的。但是，它的实际意义远远高于这些部分的机械相加。讲授家具设计需要结合其他学科的知识，然而，要让人最终能理解什么是家具设计，则需要通过一个准确的表达方式来呈现。

作者努力编写了这样一本书，书中让学生成为良好的倾听者和实践者。家具设计师要会画草图、熟练使用计算机、雕刻造型、自己制作模型，还要掌握各种各样的其他本领，将他们的三维构想传达给世界。

一本完整的家具教材，需要有家具的历史，但每次上课讲解历史时，不可避免地都会碰到这样一个问题，学生不爱听纯粹的历史课。因此，作者将中外家具各个历史时期的经典家具按时间、人物列举出来，清晰明确，在现代、当代的家具历史时期引用著名家具设计大师的经典之作，对大师的设计经历进行叙述，对经典家具进行比较，说明现代家具的原形都来自传统历史家具，使教师在讲解家具历史时不枯燥。在展现经典家具设计的形式和风格特征的同时，贯穿历史折射出各个家具的时代特征和经典设计手法，无论对再现历史风采，还是设计的延续，以及探索家具的设计规律、启迪设计创意和手法，都具有深厚的研究价值。

家具设计要求学生必须掌握各种常用家具的尺寸，在设计时可以依据第 4 单元“人体工程学与家具功能设计”内容，将此单元当作字典一样来查找家具准确的尺寸，从使用者的生理和心理的角度出发来设计家具。

本书运用学生能够通俗理解的语言重点分析了家具的造型，并适当引入定量分析的方法分析家具的造型。设计是有方法和规律可循的，本书还归纳出在家具设计过程中的设计方法，并附上最新的家具产品设计，每张图旁都有详细的讲解，一目了然。其中所有图片采用全世界近几年杰出青年设计师的作品，使学生得到最新的设计资料，同时也将学生作业的参赛作品、获奖作品穿插在其中，详细讲解运用设计方法进行设计的程序。

本书在编写方面力求反映出信息时代的立体化教材特征，特别是各个单元都配备了课程作业设计和大量国际最新家具设计图片资料，使本书成为一本立体化的现代家具专业教材，更加便于教学和自学，通俗易懂，触类旁通、获取信息、启发灵感。本书注重理论联系实践，注重实操训练，注重案例教学。

本书的出版得到中国水利水电出版社编辑的精心指导，也得到了武汉工程大学艺术设计学院相关领导的大力支持，还得到中国家具协会的热情帮助，尤其是得到了中外著名专家学者的帮助和指导，在此一并向他们表示衷心的谢意。设计作品中选用了武汉工程大学艺术设计学院环境艺术设计专业师生部分作品以及国内外著名家具企业的部分作品与案例，在此一并衷心感谢。同时，向所有支持本书编写工作，提供素材的单位与个人表示谢意。

特别感谢武汉工程大学艺术设计学院陈波老师参与第 5 单元的编写，武汉大学艺术设计研究生杨艳同学参与第 2 单元的编写。本书选编了欧洲以及美国、日本等国家的著名设计师作品和著名家具公司的产品，在书中都已注明，个别作品因资料不全未能详细注明，特此致歉，待修订时再补正。

由于作者水平及时间所限，书中不足之处敬请有关专家、学者和各界人士不吝指正，以便在下一步的教学和编写工作中重新改进和提高。

编者<br>2010 年 5 月

# 目录


序

前言

## 第1单元　导论/2

1.1　何为家具……3

1.2　家具的产生与现代家具的发展……5

1.3　家具设计的定义与原则……5

1.4　家具的分类……10

1.5　现代家具与建筑设计、室内设计、环境、工业设计的关系……12

作业与思考题……19

## 第2单元　中外家具发展简史/20

2.1　中国历代家具史……21

2.2　外国历代家具史……27

2.3　外国现代家具……32

作业与思考题……53

## 第3单元　家具造型设计/54

3.1　家具造型设计的基本概念……55

3.2　家具造型的基本要素……57

3.3　家具造型的形式美法则……62

3.4　家具造型的装饰……70

课题设计……73

作业与思考题……73

学生作品赏析……74

## 第4单元　人体工程学与家具功能设计/80

4.1　人体基本知识……81

4.2　人体基本动作 …… 83
4.3　人体尺度 …… 84
4.4　人体生理机能与家具的关系 …… 85
课题设计 …… 99
作业与思考题 …… 100
学生作品赏析 …… 101

## 第5单元　家具设计材料与结构工艺/106

5.1　木质材料的特点和种类 …… 107
5.2　金属家具材料的结构设计与制造 …… 118
5.3　塑料家具的结构设计与制造 …… 122
5.4　竹藤家具 …… 125
5.5　软体家具的结构设计 …… 127
5.6　纸质材料 …… 129
5.7　玻璃材料 …… 129
5.8　石材材料 …… 130
5.9　水泥材料 …… 130
5.10　家具五金连接件 …… 131
作业与思考题 …… 135

## 第6单元　家具新产品创意开发的设计方法及程序/136

6.1　家具新产品的概念 …… 138
6.2　家具产品设计创意开发 …… 139
6.3　家具设计创新方法 …… 143
课题设计 …… 153
作业与思考题 …… 154
学生作品赏析 …… 155

## 第7单元　家具设计程序/158

7.1　确立设计定位 …… 159
7.2　收集资料，进行分析 …… 160
学生作品赏析 …… 166

## 参考文献/172

# 第1单元 导论

**学习目的**

本单元简要介绍家具及家具设计的含义、家具的分类、家具的特性，以及现代家具设计与建筑、室内设计、工业设计等相关专业的联系，使学生能够在结束第一课后，了解现代家具设计的基本定义，理解现代家具功能及属性，即实用性与艺术性，物质形态与文化形态的统一。同时，了解现代家具与建筑设计、室内设计、环境设计、工业设计等相关专业的关系与学科体系的整体性。理解现代家具与当代科学技术发展的同步关系，理解现代家具与人类社会形态与生活工作方式的内在联系，了解现代家具设计中的国际化与民族化的辩证统一的关系。并能熟练地进行简单的家具设计练习。

**学习重点**

（1）学生可以初步了解家具设计的概念和内容。

（2）对于初学家具设计的学生能够持有正确的家具设计观点。

（3）家具设计要结合环境艺术特点、工业设计产品、视觉传达等专业艺术特征进行设计。

# 1.1 何为家具

家具是人类维持日常生活，从事生产实践和开展社会活动必不可少的物质器具。家具在当代已经被赋予了最宽泛的现代定义，家具一词英文为 Furniture、Funishing，还有来自于法文 Founiture 和拉丁文 Mobilis，即是指“家具”、“设备”、“可移动的装置”、“陈设品”、“服饰品”等含义。

图 1-1-1 Halifax_home

[图片来源：Tisettanta 世界前卫家具]

由于有了沙发、椅子等家具围坐在一个空间中形成起居室空间，同时这个空间又没有进行分隔，还有餐桌、餐椅等家具陈设，又形成了一个起居室兼餐厅的多功能空间。

综合上面各种对家具概念的解释，已经可以得到一个相对完整的家具概念，但是现代家具还具有典型“与时俱进”的特征。当人类与其他动物有了基本区别并开始有尊严的生活时，家具成为了人们日常生活的用品，于是就有了家具“是家用的器具”的意义。由于最初出现的家具总是与建筑联系在一起，而且家具主要作为建筑室内空间功能的一种补充和完善，于是有了“家具是一种室内陈设”的基本概念(图 1-1-1)。当人们要提高环境质量，满足室外活动的各种需要，将家具“搬”到室外时，家具就具有了与建筑相似的功能意义和空间意义(图 1-1-2)。当人们把自己积累的所有其他的技能用于家具制造并赋予家具有关工艺的审美特征时，人们认为家具是“工艺美术品”(图 1-1-3)。当家具和其他工业产品一样被人们用机器大批量生产时，家具又成为了一种名副其实的“工业产品”(图 1-1-4)。当家具被艺术家作为一种“载体”来表达他们的情感和思想并以一种特殊的形式出现时，家具又被认为是一种艺术形式(图 1-1-5 和图 1-1-6)。因此，要对家具下一个准确而又严格的定义是比较困难的，至今尚无十分确切的概念。

总之，人们对于家具的认识是会随着社会的发展变化和人们认识事物观念的更新而变化的。

图 1-1-2 可折叠公共休息椅

[图片来源：《世界发明》2008 年 9 月总第 322 期]

家具椅子被“搬到”室外公共汽车站，为人们提供了一个休息的场所。这样一款折叠候车椅，它的结构非常简单，与站牌或者电线杆整合到一起，需要的时候只要轻轻拉出即可使用。

图 1-1-3 三足椅

[图片来源：《D&D 室内细部》02 家具专辑]

菲利普·斯塔克（Philippe Starck）1984 年为巴黎的 Costes 餐厅设计的“三足椅”。

图 1-1-4　家具被大批量生产，用于家居及公共环境中

[ 图片来源：CADO 卡多公司（北欧现代家具）]

图 1-1-5　时尚艺术家具

[ 图片来源：young designers americas]

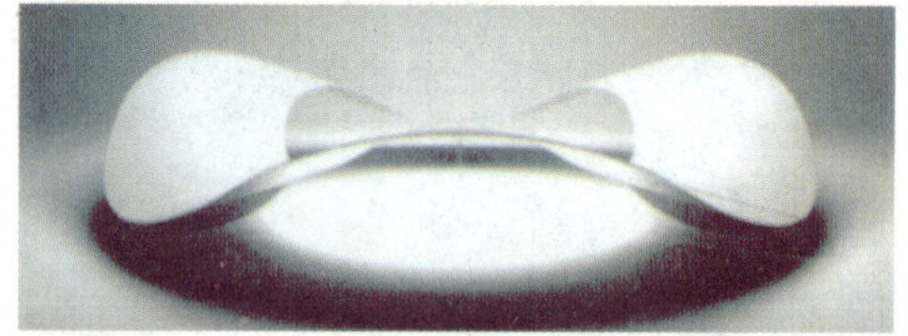

图 1-1-6　享受树荫的轻抚

[ 图片来源：《世界发明》2008 年 11 月总第 324 期 ]

图为一组围绕着“树”的设计，设计师通过把长凳变成一种可变形的城市坐具的理念设计出这组作品。而坐椅通过种种变形，如圆环状、波浪状、手臂环绕包围状，显现出别具一格的趣味性，既不单调实用性又强。

## 1.2 家具的产生与现代家具的发展

我们的祖先在和大自然的斗争中，为了遮蔽风雨而建造了房屋，因为不可能只站立从事生产活动，于是平坦的地面和一块石头都可以成为人们最早休息的场所，随之就产生了人类最早的家具。

家具的产生首先是基于生活的使用需要，必须随着社会生产和物质生活的发展而向前发展。家具除了是一种具有实用功能的物品外，更是一种具有丰富文化形态的艺术品。几千年来，家具的设计和建筑、雕塑、绘画等造型艺术的形式与风格的发展同步，成为人类文化艺术的一个重要组成部分。所以，家具的发展进程，不仅反映了人类在物质文明的发展，也显示了人类精神文明的进步。

从公元前 4000 多年的古埃及王朝一直到 19 世纪欧洲工业革命前，家具的历史实际上就是木器的历史。多个世纪以来，东西方家具一直在木器的范畴中不断改进着家具的造型和工艺技术，逐步地演变为一种精雕细刻的手工艺品，过分追求装饰，削弱家具作为生活器具所必需的功能。一直到 19 世纪欧洲工业革命后，家具的发展才进入了工业化的发展轨道，在现代设计思想的指导下，根据“以人为本”的设计原则，摒弃了奢华的雕饰，提炼了抽象的造型，结束了木器手工艺的历史，进入了机器生产的时代。现代家具在工业革命的基础上，通过科学技术的进步和新材料与新工艺的发明，广泛吸收了人类学、社会学、哲学、美学的思想，紧紧跟随着社会进步和文化艺术发展的脚步，在家具的内涵与外延空间上不断扩大，功能更加多样，造型千变万化，更加日趋完美，成为创造和引领人类新的生活与工作方式的物质器具和文化形态。

随着社会的进步和人类的发展，现代的家具设计几乎涵盖了所有的环境产品、城市设施、家庭空间、公共空间和工业产品。家具的设计随着社会的进步而不断发展，反映了不同时代人类的生活和生产力水平，融科学、技术、材料、文化和艺术于一体。由于文明与科技的进步，家具设计的内涵是永无止境的，家具从木器时代演变到金属时代，塑料时代，生态时代，从建筑到环境，从室内到室外，从家庭到城市，现代家具的设计与制造都是为了满足人们的不断变化的需求功能，创造更美好、更舒适、更健康的生活、工作、娱乐和休闲方式。人类社会和生活方式在不断的变革，新的家具形态将不断产生，家具设计的创造是具有无限生命力的。

## 1.3 家具设计的定义与原则

家具设计首先要满足使用要求，适应各种活动功能的要求；其次要考虑材料加工的工艺条件，使家具得以生产实现；第三是要适合人们一定的审美要求，逐步形成一个时期的风格（图 1-3-1）。

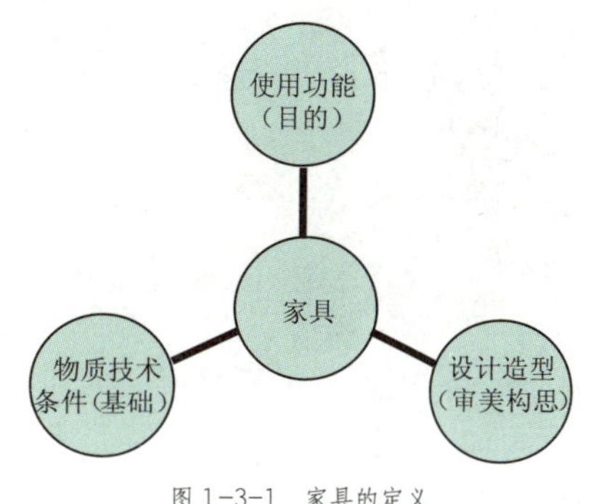


图 1-3-1 家具的定义

## 1.3.1 使用功能

在环境艺术设计中，一旦空间关系的确定，家具和陈设就是设计的主要对象。家具的实用功能是家具设计的基本要求，所有的家具都必须满足人们某一方面的特定用途。例如，床用来睡觉，椅子用来坐和休息，柜子用来储藏等。失去了产品的实用性，便失去了产品的真实性和可靠性，便失去了产品最基本的要求，没有使用价值的家具，外表再华丽美观也是没有意义的。

图 1-3-2 科隆展上的新款沙发

[图片来源:《杂志家具》2009 年 170 期]

而家具的实用性概念，也绝不是简单的使用，它还应具有以下几个方面的特征。

1. 舒适

家具必须以正确的尺寸、合理的结构、优良的材料为基础，而后才能产生舒适的效能。凡是与人体活动有关的坐椅、床、工作台、餐桌椅和储藏家具等，都要合乎人体工程学的原理，采用适宜的材料和结构，使其具有有助于节省体力、放松情绪、消除疲劳和增进健康等综合目的（图 1-3-2 和图 1-3-3）。

图 1-3-3 旋转的沙发

[图片来源:《世界发明》2008 年 6 月总第 319 期]

可自由旋转的转椅并不奇怪，可旋转的沙发就不多见了，这款沙发两端图形的部分就被设计成了可旋转的，这样一家人就可以根据需要随意调整各自区域的方向了。

2. 便利

家具是否具有便利的特征与重量和结构直接相关。形体轻巧的家具，特别是易于拆装变换的单元组合家具，比较符合便利的原则（图 1-3-4）。相反，粗笨呆板的家具却难以移动和陈列，必要时可以安装把手和脚轮（图 1-3-5）。

图 1-3-4 Magis（一）

[图片来源:《D&D 室内细部》02 家具专辑]

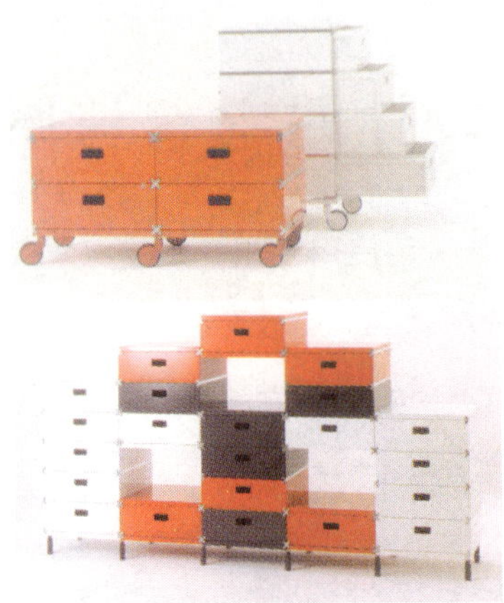

图 1-3-5 Magis（二）

[图片来源:《D&D 室内细部》02 家具专辑]

3. 弹性

家具的弹性是指一体多功能特征的体现，家具如果具有多功能的特征，不仅可以减少室内家具的数量，而且可以节省空间（图 1-3-6）。

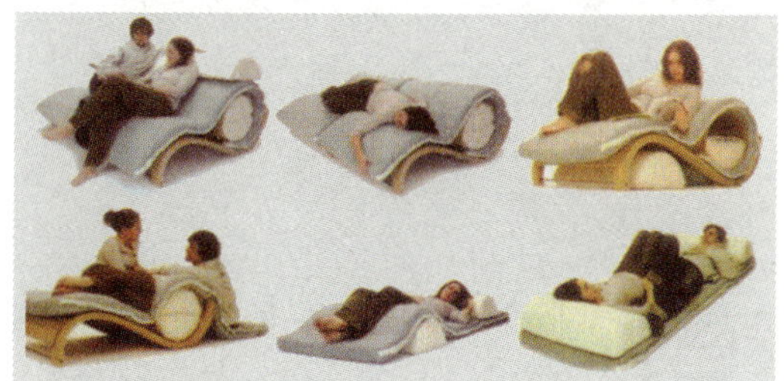

图 1-3-6 波浪沙发

[图片来源:《世界发明》2008 年 4 月总第 317 期]

新颖沙发，它的外形就像是一朵浪花，不过它的功能可不仅仅局限于沙发这么简单。其特殊的造型和可分拆的结构充分体现了其休闲的多功能设计理念。

图 1-3-7 可移动式文件柜

[图片来源：isaloni Miean Design Week 2007]

能用来坐，可组合成文件柜，轻便到能插入桌边，方便取阅文件，灵活方便随时移动，是办公家居的好帮手。

4. 储存节省空间

储存也是家具产品实用功能中最值得重视的因素之一。如果餐桌、餐椅在家中使用，储存就不成问题。但是对于在多功能室内空间使用的桌椅而言，情况就大不相同。今天室内空间可能用于讲座、开宴会需要桌椅子；明天室内空间可能用于展览，不需要桌椅。因此，储存桌椅就是一个非常重要的问题。就桌椅的储存而言有三种可能性的解决方案：即采用折叠、叠加或成套组合家具的方式来节省空间（图 1-3-8 ~ 图 1-3-10）。

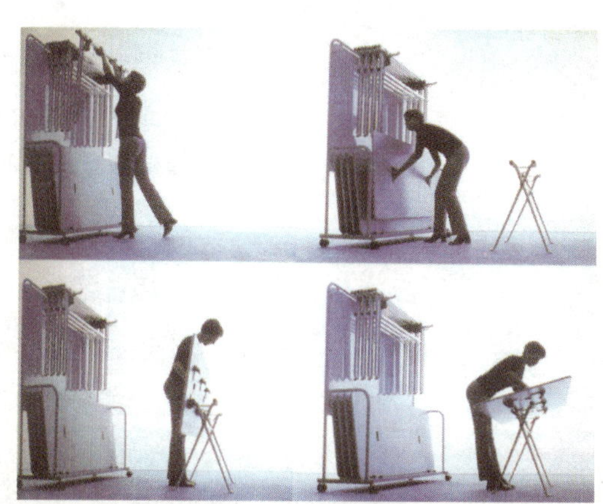

图 1-3-8 桌椅的折叠收藏

[图片来源：产品系统设计]

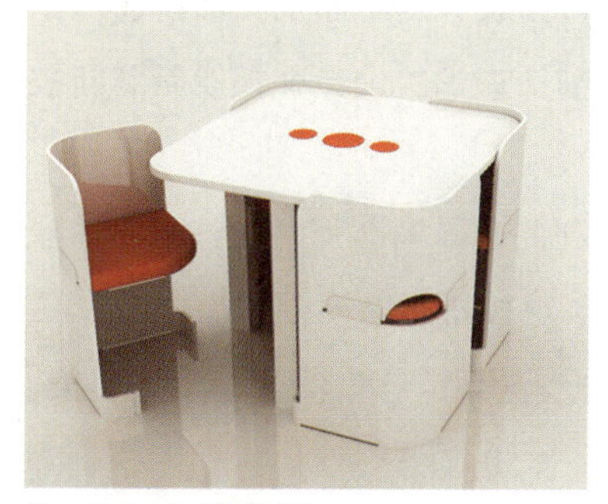

图 1-3-9 小空间餐桌椅

[图片来源：创意家具设计爱好者，Topchair]

图 1-3-10 功能组合沙发办公桌

[图片来源:《世界发明》2008 年 4 月总第 317 期]

功能组合沙发办公桌也可以像小时候玩过的积木一样，让我们自由任意地变幻组合，它可以变成坐卧的沙发，也可以变成办公的电脑工作台，更可以变成任何一种我们想要拥有的静谧空间。

5. 耐用和易于维护

家具的长期使用价值，主要决定于材料的品质和结构的坚固程度。一般来说，是否能维修取决于易损件是与整个产品融合在一起而不能更换，还是用螺丝连接便于更换。另外，维修工人的费用亦是重要因素，是否值得修理？更换零件是否更经济？同时，耐用的另一个概念是外观形态的长期保值程度。

6. 报废

在整个家具产品的生命周期中，产品的基本功能完全丧失，并且不能再修理或用新的技术取代，不再使用它。这时产品需要报废（例如产品破损或磨损）。

报废产品，最好是可以回收再利用。从整个生态环境而言，环保的因素在设计中越来越受到重视，这些因素应该在设计初期就需要加以考虑。也就是说要渗透到设计、生产、使用乃至报废整个产品的生命周期中去。

报废产品要考虑的范围包括：是否对环境造成污染，是否有噪音，是否浪费能源和原材料，是否是生态环保型产品，是否可以回收再利用。

## 1.3.2 物质技术特征

### 1.3.2.1 新技术的运用

家具的发展始终是融科学、技术、艺术于一体，随着科学的发展、技术的进步、材料的变化不断达到新的高度的。工业革命之后，现代家具的发展一直和科学技术的进步并行。机器的发明使家具不再是一件一件地用手工制作的作品，而是机械化大批量的生产。科学技术的不断进步推动着家具的更新换代，新技术、新材料、新工艺、新发明带来了现代家具的新设计、新造型、新色彩、新结构、新功能。同时，人们的审美观念、流行时尚、生活方式也总是围绕科学技术的前进变化而上升的。

家具生产在生产过程中通过技术加工，每一工序将产生不同效果的理性美。车削加工具有精致、严密、旋转纹理的特点；铣磨加工具有均匀、平顺、光洁、致密的特点；模塑工艺具有挺拔、规整、严正、圆润的特点；板材成型有棱有圆，界面分明，曲直匀称。设计时，尽量把每一工序的情况考虑得比较充分，从不同角度来选择技术加工方式，使技术与设计有机地结合起来。

纵观现代家具的发展过程，我们会发现有两条重要的、平等的发展线索：一方面是新技术与新材料带来了家具工艺技术的不断革新与进步；另一方面，就是现代艺术尤其是现代建筑设计，现代工业产品设计的兴起和发展带来了家具造型设计的不断演变和创造。新技术的出现对传统家具是一种挑战，然而，一些具有超前创新意识的设计师却能看到新技术对现代家具设计的巨大潜力。

现代家具史上第一种销售量超过 4 万件的产品是奥地利的家具设计师索内特发明的弯曲木椅，这是 19 世纪中叶产生的最早的现代家具，采用了现代机械弯曲硬木新技术和蒸汽软化木材工艺，新工艺使弯曲木椅能够大批量标准化生产，而且价格低廉、设计精美，成为了大众化现代家具的楷模。

家具的生产方式从机械化生产进一步发展到全自动化生产，家具部件生产进一步发展到标准化、系列化和拆装化。计算机技术在家具行业得到广泛应用，计算机辅助设计全面导入到现代家具设计领域，极大地提高了家具设计的质量，缩短了设计周期，降低了生产成本，成为提高现代家具设计的一项关键性技术。

### 1.3.2.2 材料特性的运用

家具的物质属性决定于生产所用的材料，对材料的运用不但是制作的先决条件，也直接关系到家具所设计出来的效果。家具设计用材种类繁多，每一种材料都具有各自的特点，家具设计一方面要选择合适功能要求的材料，另一方面也要使用能符合设计者艺术构思的材料。“按料取材，因材施艺”是材料运用的最好方法。

随着新技术、新材料、新设备的发现，科技对现代家具设计的创造产生了直接的影响。工业革命后，现代冶金工业生产的优质钢材和轻金属被广泛地应用于家具设计，使家具从传统的木器时代发展到金属时代，20 世纪 20 年代德国包豪斯设计学院的天才家具设计师布鲁耶开发设计了系列钢管椅，采用抛光镀铬的现代钢管作为基本骨架和柔软的牛皮和帆布坐椅垫和靠背，造型简洁、功能合理、线条流畅，至今仍很流行。第二次世界大战后，新的人造胶合板材料、新的弯曲技术和胶合技术为家具设计师提供了更大的创造空间，北欧芬兰的设计大师阿尔瓦·阿尔托采用现代的热压胶合板技术，使家具产品设计从生硬角度的造型变得更加柔美和曲线化。塑料这种现代材料的发明也为现代家具提供了更为广阔的设计空间，我们对金属、木材和陶瓷的利用和控制已经有上千年的历史了，但是塑料的发明只有 100 多年。我们在改变材料的形状及其物理特性方面的能力就和对任何一种新科技的研究一样令人振奋。新一代美国家具设计大师埃罗·沙里宁和查尔斯·伊姆斯用塑料注塑成型工艺、金属浇铸工艺、泡沫橡胶和铸模橡胶等新技术和新材料设计出了“现代有机家具”，这些新的、更具圆形特点的具有雕塑形式的家具设计迅速成为现代家具的新潮流。

#### 1.3.2.3 结构的运用

在家具设计中，结构和外形都是互相联系的，很难把这两项工作严格地分开，在决定了一件家具结构后，这件家具的外形就已被局限于某一个范围之内。同样，决定了外形之后，结构也受到一定的限制。构造复杂的家具，生产时费工费时，不但增加造价又给维护带来困难。所以，家具的结构是家具设计很重要的一环。结构的选用要根据家具的类别和使用场合来决定，并与材料的属性相协调。用于公共建筑，机械化大批量生产的家具多采用零部件组装结合；木质家具是传统的固定榫结合；两用家具则是采用特制的部件灵活组合，以满足功能的需要。

### 1.3.3 审美造型

#### 1.3.3.1 艺术特性

人类造物是一种美的创造活动。任何物品，任何技术和艺术，从它的起源看，都不是一蹴而就的，而是从需要和理想出发，经过无数人、无数次的实践才能实现，有的可能经过几代人的努力。虽然造物的目的是为了用，但仅有用是不够的，还需要美。

家具的艺术特性可以概括为两个基本层次。

（1）形态美，表现在家具的外观造型、装饰、色彩等方面，人们通常用外观形式来指代。这种美是外在的，很容易为视觉所感受到的。

（2）来自家具的结构或因结构而形成的美。即内在结构所体现的功能之美。

这两个层次是一个有机的整体，即家具的形态一方面来自于功能结构的展现；另一方面则有其形态的审美规律，要让其规律来协调与功能结构之间的差异，形成完美的统一。

#### 1.3.3.2 文化特征

家具是一种丰富的信息载体与文化形态，家具文化作为一种物质生产活动，其品种数量必然繁多，风格各异，而且随着社会的发展，这种风格变化和更新浪潮，还将更加迅速和频繁，因而家具文化在发展过程中必然地或多或少地反映出如下特征。

1. 地域性特征

不同地域地貌，不同的自然资源，不同的气候条件，必然产生人的性格差异，并形成不同的家具特性，就我国南北方的差异而言，北方山雄地阔，北方人质朴粗犷，家具则相应表现为大尺度，重实体，端庄稳定。南方山清水秀，南方人文静细腻，家具造型则表现为精致柔和，奇巧多变。关于家具造型过去有“南方的腿北方的帽”之说法，也就是说北方的柜讲究大帽盖，多显沉重，而南方的家具则追求脚型的变化，多显秀雅。在家具色彩方面，北方喜欢深沉凝重，南方则更喜欢淡雅清新。

2. 时代性特征

和整个人类文化的发展过程一样，家具的发展也有其阶段性，即不同历史时期的家具风格显现出家具文化不同的时代特征。古代、中世纪、文艺复兴时期、浪漫时期、现代和后现代均表现出各自不同的风格与个性。

在农业社会，家具表现为手工制作，因而家具的风格主要是古典式，或精雕细琢，或简洁质朴，均留下了明显的手工痕迹。在工业社会，家具的生产方式为工业批量生产，产品的风格则表现为现代式，造型简洁平直，几乎没有特别的装饰，主要追求一种机械美、技术美。在当代信息社会，在经济发达国家，家具又否定了现代功能主义的设计原则，又转而注重文脉和文化语义，因而家具风格呈现了多元的发展趋势，既要现代化，要反映当代人的生活方式，反映当代的技术、材料和经济特点，又要在家具艺术语言上与地域、民族、传统、历史等方面进行同构与兼容。从共性走向个性，从单一走向多样，家具与室内陈设均表现出强烈的个人色彩，正是当前家具的时代性特征。

## 1.4 家具的分类

由于家具的种类很多，为了能够在实施标准过程中，使研发家具产品、生产和销售的家具人员能够在家具分类及家具产品名称方面有一个指导，因此根据我国目前家具市场情况，结合家具行业特点，参照相关标准，对家具的使用场所、组合材料和加工工艺、组成形式、放置形式等几个角度来进行分类。

### 1.4.1 按使用功能进行分类

按照家具与人体的关系和使用特点进行分类。

(1) 坐卧类家具。满足人们坐、卧、躺等行为要求，支撑整个人体的家具，如椅、凳、沙发、床等。

(2) 凭倚类家具。人体倚靠着进行操作的家具，如书桌、餐桌、几案、讲台、立式柜台、橱柜等。

(3) 存储类家具。存放物品用的家具，如书架、衣橱、展示柜等。

(4) 其他类家具。如屏风、衣帽架等。

### 1.4.2 按使用场所进行分类

现代家具的使用范围已经有了很大程度的扩展，他们已经从传统意义上的“家居”环境中延伸开来。已经被广泛地用于公共场所甚至是户外，这里我们将对家具按照使用场所进行分类。

(1) 民用家具。指在家庭中使用的家具，又可分为客厅家具、主卧室家具、次卧室家具、儿童房家具、书房家具、厨房家具等。

（2）室内公共环境家具。指在特定的室内公共环境中使用的家具。如商业空间展示家具、影剧院家具、医院家具、办公室家具等。

（3）户外家具。指在花园、公园、广场等户外环境中使用的家具。

### 1.4.3 按使用材料和加工工艺进行分类

不同的材料有不同的性能，家具可以用单一的材料制作，也可以用多种综合材料制造，在这里按照家具的主要材料来分类。

（1）木质家具。主要部件由木材或木质人造板材料制成的家具。

（2）金属家具。主要由各种金属材料构成的家具。

（3）竹、藤材家具。使用竹、藤类天然材料制成的家具。

（4）塑料家具。使用玻璃纤维或发泡塑料注塑成型的家具。塑料家具常使用金属做成骨架、成为钢塑家具。

（5）玻璃家具。以玻璃作为主要材质的家具。

（6）石材家具。以大理石等天然石材或各种人造石材为主要构件的家具。

（7）软体家具。构成家具的主体部分为帆布、棉布、海绵等弹性材料和软质材料制成的家具。

（8）框式家具。榫眼结合的框架为主体结构的家具。

（9）组合家具。由部件或可独立使用的单体，组成一个整体的家具。

（10）曲木家具。主要部件采用木材或木质人造材料弯曲或模压成型工艺制造的家具。

（11）折叠家具。收展改变形状的家具。

### 1.4.4 按家具的组成形式分类

（1）单体家具。在组合配套家具出现以前，家具往往是作为一个独立的工艺品来设计的，它们之间很少有必然的联系，用户可以按照不同的需要和爱好单独选购。而这种单独生产的家具不利于大批量的工业化生产，各家具之间在形式与尺度上也不统一。

（2）配套家具。因生活的需要或环境的特殊要求而自然形成的、相互密切联系的系列家具称为配套家具，如卧室中的床、床头柜、衣橱；办公室中的办公室的办公桌、办公椅等。

（3）组合家具。组合家具是将家具分解为几个基本单元，这些基本单元可以拼接成不同的形式，甚至于不同的使用功能。组合家具有利于标准化和系列化。在此基础上，又产生了以零部构件为单元的拼装式组合家具，消费者可以买回配套的零部件，按自己的需要自由拼装。

### 1.4.5 按放置形式分类

（1）自由组合式家具。可以任意搬移位置的家具。

（2）嵌固式家具。固定或嵌入建筑物或交通工具内的家具。

（3）悬挂式家具。悬挂于屋顶或墙壁上的家具。

# 1.5 现代家具与建筑设计、室内设计、环境、工业设计的关系

## 1.5.1 家具与建筑设计

家具的发展和建筑的发展一直是并行的关系，在漫长的历史长河中，无论是东方还是西方，建筑样式和风格的演变一直影响着家具样式和风格。如欧洲中世纪哥特式教堂建筑的兴起就同样有刚直、挺拔的哥特式家具与建筑形象相呼应。中国明清园林建筑的繁荣就有了精美绝伦的明式家具和清式家具相配套。现代国际主义建筑风格的流行同样产生了国际主义风格的现代家具。所以，家具的发展与建筑有着一脉相承和密不可分的血缘关系，这种学科上的整体关系在西方一直是家具风格发展的主流，特别是现代建筑和现代家具在西方的同步发展，产生了一代代的现代建筑设计大师和家具设计大师，建筑与家具的成就交相辉映、群星灿烂。

图 1-5-1 高靠椅系列

[图片来源：国际设计丛书家居设计]

19 世纪末 20 世纪初英国最重要的杰出建筑设计师和家具设计师查尔斯・麦金托什（Charles Rennie Mackintosh，1868—1928）设计了一系列几何造型垂直风格的家具经典作品，高靠椅系列就是与他的简洁几何立体造型的垂直风格与建筑设计高度统一的代表作之一（图 1-5-1）。

1917 年建立荷兰风格派的建筑师，出身木匠的里特维尔德 (Gerrit Thomoas Rietveld，1888—1964) 著名的设计作品、最早的抽象形态“红蓝椅”，是以立体派的视觉语言和风格派的表现手法将风格派绘画平面艺术转向三维空间，成为家具史的典范作品。

芬兰建筑大师阿尔瓦・阿尔托（Alvar Aalto，1898—1976）把家具设计看成是“整体建筑的附件”，阿尔托认为设计的个体与整体是互相联系的，椅子与墙面、墙面与建筑结构，都是不可分割的有机组成部分。而建筑是自然的一部分。从关系来讲，建筑必须服从环境，墙面必须服从建筑，椅子必须服从墙面。阿尔托通过自己对建筑和家具的设计，杰出的表现出了这种环境、建筑、家具的协调关系，阿尔托的设计思想对现代家具、现代建筑的贡献是巨大的，曾影响了一代设计师（图 1-5-2）。

图 1-5-2 手推车

[图片来源：芬兰现代家具]

手推车的第一种是 1933 年为帕米奥疗养院所设计，最初的设计是两层使用层，供护士每天调换护理品时使用。主体构造采用层压胶合板。整个设计再次体现阿尔托典型简明醒目的特点，加上不同色彩的配置，视觉效果极为强烈。1936 年阿尔托针对普通家庭使用的需要重新设计这件手推车，在改为单层的同时加上一个吊篮作为使用层的补偿，有效地增加了家庭式的温馨气氛。随后几年阿尔托又对这件家用手推车做了许多材料、色彩的更换。这件引人入胜的作品十分协调地被应用于阿尔托的许多建筑中。

要重新审视家具与建筑的整体环境空间关系，家具始终是人类与建筑空间的一个中介物：人—家具—建筑。人类不能直接利用建筑空间，他需要通过家具把建筑空间消化转变为家，所以家具设计是建筑环境与室内设计的重要组成部分。可以想象，没有家具的空间将无法实现建筑和室内的功能，就会丧失其存在的价值。

## 1.5.2 家具与室内设计

家具是构成建筑环境室内空间的使用功能和视觉美感的第一至关重要的因素。尤其是在科学技术高速发展的今天，由于家具是建筑室内空间的主体，人类的工作，学习和生活在建筑空间中都是以家具来演绎和展开的，无论是生活空间、工作空间、公共空间、在建筑室内设计上都是要把家具的设计与配套放在首位，家具是构成建筑室内设计风格的主体，然后再顺序深入考虑天花板、地面、墙、门、窗各个界面的设计，加上灯光、布艺、艺术品陈列、现代电器的配套设计，综合运用现代人体工学、现代美学、现代科技的知识，为人们创造一个功能合理，完美和谐的现代文明建筑室内空间（图 1-5-3 和图 1-5-4）。

图 1-5-3 1969 年阿尔瓦·阿尔托设计的柏拉图学院书店
[图片来源：北欧设计家具与建筑]

(a)

(b)

图 1-5-4 麦当劳欧洲店营造更高档的休闲体验。[图片来源：创意家具设计爱好者，Topchair]
麦当劳将它的黄白色塑料椅子用亮绿色的设计师椅子（雅各布森的蛋）代替，室内装饰也用上了暗色皮革。

据调查，家具在一般起居室，办公室等场所所占地面积约为室内空间面积的 35% ~ 40%，而在各种餐厅，影剧院等公共场所，家具的占地面积更大，厅堂的面貌已被家具的形象所左右，所以家具在室内空间中的作用及其重要（表 1-5-1）。

表 1-5-1 室内空间相关的家具

| 行为 | 活动内容 | 相关家具 | 相关内部空间 |
|---|---|---|---|
| 衣 | 更衣、存衣 | 大小衣柜、组合柜、衣箱 | 卧室、门厅、储藏室、客房、健身房、浴室 |
| 食 | 进餐、烹饪 | 餐桌、餐椅、餐柜、酒柜、吧台、工作台、食品柜、炉具 | 住宅餐厅、宾馆酒店餐厅、酒吧、住宅厨房、宾馆酒店厨房 |
| 住 | 休息、阅读、进餐、睡眠 | 沙发、组合柜、茶几、桌、椅、床、衣柜、梳妆台、写字台 | 住宅、公寓、宾馆酒店客房 |
| 工作学习 | 读书、写字、制作 | 写字台、椅子、书柜、文件柜、工作台 | 住宅书房、学校教室、绘图室、办公室、写字间 |
| 行 | 休息、阅读、进餐、睡眠 | 坐椅、小桌、床、多层床 | 轿车、公共车辆、飞机、船、火车 |
| 其他 | 团聚、开会、娱乐、售货、购物、参观展览 | 沙发、安乐椅、茶几、会议桌、椅、柜、桌、货柜、货架、陈列柜、展柜 | 住宅起居室、接待室、会议室、公共娱乐场所、商店、博物馆、展览馆 |

### 1.5.2.1 家具在建筑室内环境中组织空间的作用

建筑室内为家具的设计、陈设提供了一个限定的空间，家具设计就是在这个限定的空间中，以人为本，去合理组织安排室内空间的设计。在建筑室内空间中，人从事的工作、生活方式是多样的，由于不同的家具组合，可以组成不同的空间。如沙发、茶几、有时加上灯饰，组合声像电器装饰柜组成起居、娱乐、会客、休闲的空间；餐桌、餐椅、酒柜组成餐饮空间；整体化、标准化的现代厨房组合成备餐、烹调空间；电脑工作台、书桌、书柜、书架组合成书房、家庭工作室空间；会议桌、会议椅组成会议空间；床、床头柜、大衣柜可以组合卧室空间。随着信息时代的到来，智能化建筑的出现，现代家具设计师对不同建筑空间概念的研究将是不断创造新的家具新的设计时空（图 1-5-5）。

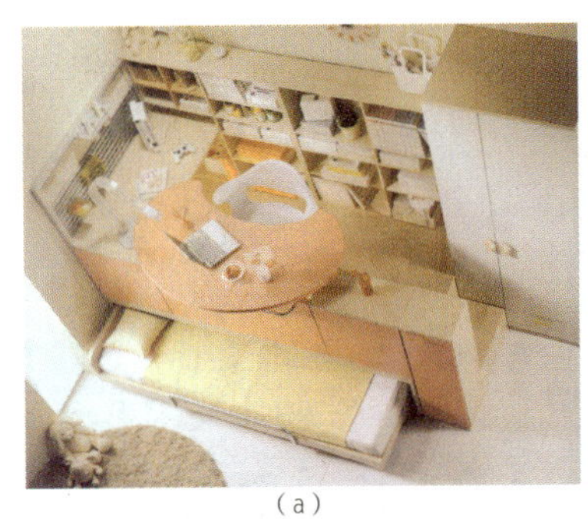
(a)

(b)

(c)

(d)

图 1-5-5 儿童组合家具组织室内空间

[图片来源：Hanssem（室内细节家具专辑）]

Hanssem 儿童房家具床下及周围的额外空间提供了最大限度的储存空间，储藏柜产品的标准化，使得每一个家庭都可根据个人需求自由调节。这套家具在平台上设置书桌，下面为可滑动的床，可让孩子体验不同的空间感。储藏空间也让孩子有自己收藏品的存放处。

### 1.5.2.2 家具在建筑室内环境中分隔空间的作用

在现代建筑中，由于框架结构的建筑越来越普及，建筑的内部空间越来越大、越来越通透，无论是现代的大空间办公室、公共建筑，还是家庭居住空间，墙的空间隔断作用越来越多地被隔断家具所替代，既满足了使用的功能，又增加了使用的面积。如整面墙的大衣柜、书架，或各种通透的隔断与屏风，大空间办公室的现代办公家具组合屏风与护围，组成互不干扰又互相连通的具有写字、电脑操作、文件储藏信息传递等多功能的办公单元。家具取代了墙在建筑室内进行分隔空间，特别是在室内空间造型上大大提高了室内空间使用的灵活的利用率，同时丰富了建筑室内空间的造型（图 1-5-6 ~ 图 1-5-8）。

图 1-5-6 办公室家具的布置对办公环境进行了很好的分割

[图 1-5-6~ 图 1-5-8 来源：abc（室内细节家具专辑）]

图 1-5-7 屏风在家居室内中起分隔空间的作用

图 1-5-8 落地式酒柜展示架分割室内空间

#### 1.5.2.3 家具在建筑室内环境中填补角落空间及扩大使用空间的作用

在空间组合中，经常会遇到一些尺寸低矮的犄角旮旯难以正常使用的空间，如果设计出适合的家具，这些无用或难用的空间就会变成有用的空间，而组合家具的有效利用，无形中也起到扩大使用空间的作用（图 1-5-9）。

(a)

(b)

图 1-5-9 一款创意的转角架
[图片来源：创意家具设计爱好者，Topchair]
它可以充分利用被闲置的墙角空间。规格是78mm×14mm×14mm，安装在墙角上看起来非常合适。

#### 1.5.2.4 家具在建筑室内环境中体现空间风格的作用

由于家具的形成风格具有强烈的时代性、地域性和民族性，因此室内环境风格的表现在很大程度上要借助于家具形式的选择。从家具自身的角度而言，它的风格不仅要展现自己，而同时又是其空间整体风格的展现。

1. 传统风格中的传统家具

传统风格的空间环境往往是在室内布置、线型、色调等方面吸取传统装饰的“形”、“神”等的特点，给人们历史的延续和当地地域文化的感觉，使室内环境突出民族文化的特征。传统风格包括多种式样，如中国传统风格、日本和风风格、伊斯兰传统风格、地中海风格、西方古典主义风格等。在传统室内风格的前提下，设计与选择家具必须选择与传统风格相匹配的传统型家具，或在保留传统家具神韵的基础上对传统家具进行一定的创新设计（图 1-5-10）。

(a) (b)

图 1-5-10 传统风格家具在传统室内设计中的布置

(a)

(b)

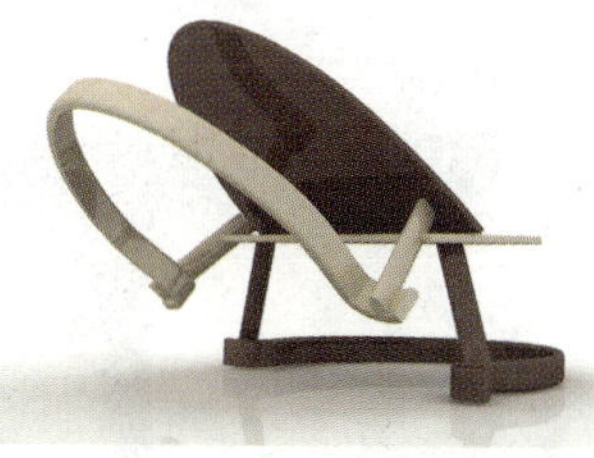
(c)

(d)

图 1-5-11 在中国传统圈椅的基础上进行功能的创新设计（设计：徐慧）

2. 现代风格中的现代家具

现代风格起源于 1919 年成立的包豪斯学派。这种风格强调突破传统，创新新形式，注重产品的功能性，造型简洁，崇尚合理的构成工艺，尊重材料的性能，讲究材料自身的质地和色彩的配置效果。设计与现代风格相适应的家具要特别注意突出家具的使用功能，家具的造型简洁大方。多以几何形为主；在材料的选择上，金属、皮革、塑料、合成板等都是常用的材质（图 1-5-12 和图 1-5-13）。

(a)

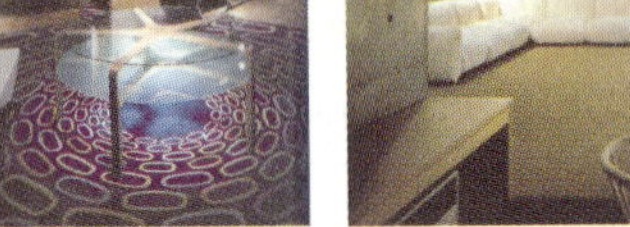

(b)

图 1-5-12 现代主义风格的家具与环境设计

图 1-5-13 采用酒杯的外形加以简化变形（设计：石运江）

白红颜色为主色调，皮革的质感，再搭配金属的色泽，时尚、简约。无论是在任何场所，都可以展现其独特的装饰及实用效果。

图 1-5-14 水母灯

3. 后现代风格中的后现代装饰性家具

后现代主义风格强调建筑与室内设计应具有历史的延续，但又不能拘泥于传统的逻辑思维方式，不断探索创新造型的新手法，讲究人情味，常在室内设置夸张、变形的表现方法，这种风格的家具除了实用功能的考虑外，特别强调家具的造型方面的要求（图 1-5-14 ~ 图 1-5-16）。

图 1-5-15 蘑菇椅与后现代展示空间（设计：曾品菊）

图 1-5-16 冰块椅（设计：张怡）

冰块椅放在室内或者室外都非常具有视觉效果，感觉是不是很酷！

4. 自然风格中的天然材料家具

自然风格在美学上推崇“自然学”认为只有崇尚自然、结合自然，才能使人们在当今高科技、高节奏的社会生活中获得生理和心理的双重感受。自然风格的家具多用木料、织物、藤、竹、石材等天然材料。在制作工艺方面多采用传统手工工艺，突出家具原始、纯朴的自然特征（图 1-5-17）。

(a)

(b)

图 1-5-17 自然主义风格的家具及室内环境

### 1.5.3 家具与环境设计

第二次世界大战以后，全球进入了一个相对和平、稳定的高速发展繁荣时期，城市设计、公共环境设计的理念得到显著的发展和提升。城市建筑设计，公共环境设计最能代表人类文明的发展，家具的发展与进化与建筑环境和科学技术的发展息息相关，更与社会形态同步。作为现代家具，尤其是和城市环境公共设施密切相关。现代城市公共环境中家具设计，标识视觉指示系统设计，垃圾箱和护栏设计，灯光照明设计，园林绿化设计，喷泉、雕塑设计，电话亭、公共交通候车亭设计等已经是现代环境艺术设计的系统工程。现代人类城市建筑空间的变化，使现代家具又有了一个新的发展新空间——城市建筑环境公共家具设计。

随着人类社会生活形态的不断演变，创造具有新的使用功能又有丰富的文化审美内涵，使人与环境愉快和谐相处的公共空间设施与家具设计是现代艺术设计中的新领域。家具正从室内、家居和商业场所不断地扩展延伸到街道、广场、花园、林荫道、湖畔……随着人们休闲、旅游、购物等生活行为的增长，需要更多的舒适、放松、稳固、美观的公共户外家具（图 1-5-18 和图 1-5-19）。

一个好的户外家具要满足三个主要条件：稳固、舒适与环境协调。它必须易于运输、加工，用工业化、标准化生产和装配，可固定于地上，要符合人体工学的尺度和造型，在布置上要有合适的朝向和方位，能抵御故意破坏者的暴力，易于城市公共市政部门修理和更换。要能较好地适应和减轻日晒雨淋的影响。同时应该便于清洁，经受重压、适应男女老幼不同的身体形状。特别是要从现代造型美学的角度去讲究美，现代户外公共家具设计更加注意家具的造型、色彩与周边环境的协调，一件优秀的户外家具就像一座精美的户外抽象雕塑，对当地环境起着美化、烘托、点缀的作用（图 1-5-20 和图 1-5-21）。

图 1-5-18 Racional 公共户外椅
[图片来源：Street furniture]

图 1-5-19 Xurret System 公共户外家具
[图片来源：Street furniture]

图 1-5-20 连体休闲坐椅

[图片来源：创意家具设计爱好者，Topchair]

这款连体休闲坐椅外形很像一只陀螺，使用起来很像一个不倒翁，上面最多可以坐四个人。用三张同样的坐椅连接在一起，并且形成一个 $90^{\circ}$ 的直角，这样无论是陀螺还是不倒翁，都会很稳定地供给我们使用。

图 1-5-21 公共户外休闲椅

[图片来源:《世界发明》2008 年 11 月总第 324 期]

打破了传统长椅的单调，利用各种连体的多变的造型，赋予原本静止的物体以鲜活的生命气息。这款长椅可以分割成个体，也可以组成一体在户外、家用、公共场所使用造型千变万化。

## 1.5.4 家具与工业设计

现代家具设计具有三个基本的特征：一是建立在大工业生产的基础上；二是建立在现代科学技术发展的基础上；三是标准化、部件化的制造工艺。所以，现代家具设计既属于现代工业产品设计的一类，同时又是现代环境设计、建筑设计，尤其是室内设计中的重要组成部分。

在欧洲 18 世纪工业革命之前，家具的设计和制造主要是基于手工劳动的手工艺行业，在生产上基本上是单件制作的手工艺劳动，所用的工具是简单的手工工具，所用的材料基本上是自然材料。品种单一，不能大批量生产、决定了手工艺年代的家具需求只能停留在上层皇宫贵族和上层百姓的范围内。一方面，高档家具服务的对象，仅仅是为皇宫权贵、宗教神权、上层贵族等少数人服务和享用的，为了满足他们奢华生活和舒适的要求，体现社会上层统治者威严与权势，在制作工艺上讲究精细华丽的雕刻与装饰，以显示其神圣、尊贵和至高无上的地位，尤其是到了封建社会晚期资本主义萌芽时期的 18 世纪，这种为皇权贵族服务的古典建筑和家具，在制作工艺上已是登峰造极，精细的雕刻，繁复的装饰和完美的技艺都是前所未有的。在欧洲是以洛可可风格、巴洛克风格和新古典主义为代表，在中国是以清代皇家园林建筑和宫廷家具为典型代表的。同时，就地取材，应用竹、藤、柳等天然纤维材料，编织制造出具有不同民族风格和地方特色的竹、藤、柳编家具。

工业革命揭开了人类文明史新的一页。机器的发明，新技术的发展，新材料的发现带来了机械化的大批量生产，工业化家具生产取代了传统的手工艺劳动，引起了社会与生活的许多大规模的变化。使工业化大批量生产和大批量消费家具成为可能。家具设计成为现代工业产品设计的重要组成部分。

在今天，工艺、设计、建筑、家具、灯饰、时装和艺术都已经在互相渗透，随着科学的发展和技术的进步，特别是新材料和新工艺的不断出现，高科技的全面介入和新材料、新工艺的综合应用，家具设计创新并不断促进人类生活、工作、休闲方式变革，现代家具正从生活实用的物质器具转向精神审美的文化产品，现代家具不仅使人类的生活与工作更加方便舒适、提高效率，还能给人以审美的快感和愉悦的精神享受。

## 作业与思考题

1. 论述现代家具的基本定义。
2. 论述现代家具设计与其他艺术设计专业的关系。
3. 论述现代家具与现代人类生活和工作方式的关系。
4. 家具设计的三原则是什么？它们之间的关系是怎样的？
5. 选取一件现代实物家具产品（可以直接测量上课的课桌课椅）测绘出三视图和结点大样图。

Unit 2

# 第2单元 中外家具发展简史

**学习目的**

本单元将以中国历代家具史与外国历代家具史及现代家具设计大师的作品三大部分，分别来展示家具发展的历程及其风格变化。可以让学生从历史的高度来俯视家具世界，更加完整地认识家具、理解家具，更加清晰地明辨家具发展的方向。帮助学生了解家具发展的历程、家具的风格及流派，使学生能够理解现代家具的原形都来自古代家具。

**学习重点**

（1）使学生可以初步掌握与了解家具发展的历程，探寻家具发展的轨迹。

（2）能吸收与借鉴优秀设计作品中的精华，从中获得启发与设计灵感。

（3）理解生活方式的改变对家具设计的影响；理解现代艺术对家具设计的影响。

# 2.1　中国历代家具史

中国历史上各时期家具的特点（见表 2-1-1）。

表 2-1-1　　中国历史上各时期家具的特点

| 历史时期 | 特　　点 |
|---|---|
| 商、周至秦朝时期（公元前 17 世纪至公元前 206 年） | ● 我国低型家具形成期。其特点：造型古朴、用料粗壮，漆饰单纯，纹饰拙犷<br>● 榫卯有了一定的发展，开中国榫卯之先河，并为后世榫卯的大发展奠定了基础 |
| 两汉时期（公元前 206 至公元 220 年） | ● 我国低型家具的大发展时期<br>● 坐榻、坐凳、框架式柜为这一时期家具新品种，高型家具出现萌芽<br>● 漆饰继承了商周，同时又有很大发展，创造了不少新工艺、新做法<br>● 华丽型与民间朴素型并行发展 |
| 两晋至南北朝时期（265—581 年） | ● 由于民族大融合和佛教的流行对家具影响很大，高型家具的凳、胡床以及筌蹄进一步普及。矮几有拔高的趋势，为隋唐高型桌案的出现作了准备<br>● 矮型家具继续完善和发展 |
| 隋唐时期（581—907 年） | ● 我国高型家具的形成期<br>● 壶门大案、高桌、条案、扶手椅，都已经出现，但具有初始粗拙的特点<br>● 高型家具并行发展的时期 |
| 宋、辽、金、元时期（960—1368 年） | ● 我国高型家具大发展时期。椅与桌都已定型，并走向平民百姓家<br>● 辽金少数民族也深受这一潮流的冲击，而走向高型化<br>● 漆饰趋于朴素高雅，不尚浓华 |
| 明代时期（1368—1644 年） | ● 我国古典家具成就的高峰和代表。在世界家具史上占有重要的位置<br>● 造型优美、比例恰当，表现了浓厚的中国气派<br>● 结构科学，榫卯精绝，坚固牢实，可以传代<br>● 精于选材，重视木材自然的纹理和色泽美<br>● 金属配件讲究，雕刻、线脚处理得当，起到衬托和点睛的作用 |
| 清代时期（1636—1911 年） | ● 清早期继承和发展了明式家具的成就<br>● 乾隆时期吸收了西洋的纹样并把多种工艺美术应用到家具上来<br>● 清晚期家具与国运一起走向衰落 |

## 2.1.1　商、周至秦朝时期的家具（公元前 17 世纪至公元前 206 年）

中国传统家具可以追溯至距今 3000 多年前的商朝。商朝灿烂的青铜文化反映出当时的家具已在人们生活中占有一定地位，从现在的青铜器中我们看到有商代切肉的“俎”（切肉用的小案）（图 2-1-1）和放酒用的“禁”（放置酒器的案形家具）（图 2-1-2）及一种中部有箅子的炊具——铜甗（图 2-1-3）。从甲骨文字中推测到当时大家是在室内席地而坐，并坐于席上来使用这些家具。从象形文字推测，当时还应有床和案等。

这个时期的髹漆工艺已经达到相当的水平。这一时期家具的装饰纹样有：饕餮（古代传说中一种凶恶的兽）纹、龙纹、凤纹、云纹、波纹、涡纹等。

图 2-1-1　俎（商）

图 2-1-2　铜禁（商）

图 2-1-3　铜甗（商、周）

## 2.1.2 两汉时期的家具（公元前 206 年至公元 220 年）

图 2-1-4 云纹漆兵器架纹饰

［图片来源：王抗生，中国传统艺术．北京：中国轻工业出版社，2000］

此兵器架出土于湖南长沙马王堆，上面绘有有齿纹、波形、三角、卷草等纹样，充分体现了汉代漆器的特点。

汉朝是我国封建社会中政治、经济和文化发展的第一个高潮时期，同时也是前期传统家具较大发展的时期。家具的类型已经发展到了坐卧家具、置物家具、储藏家具与屏蔽家具四类。当时床的用途也有所扩大，汉代时床常用于日常起居与接见贵客，不过那种床较小，又称榻，通常只能坐一人。不过也出现了满布室内的大床，床上置几，床的后面和侧面立有屏风，屏风上装架子挂器物的。这一切都体现了汉代以床为中心的一种生活方式。汉代家具的装饰纹样有齿纹、波形、三角、菱形等几何纹样。（图 2-1-4）植物纹样以卷草、莲花较为普遍，动物纹样有龙、凤等。1980 年在江苏连云港出土的一种汉代漆案，两端各有雕镂成龙形的四条柱足支撑桌面，案上用藤黄、群青等色漆绘成精美的图案，当属汉案中典型的一例（图 2-1-5）。

图 2-1-5 汉漆案 江苏连云港出土

［图片来源：李雨红．中外家具发展史．哈尔滨：东北林业大学出版社，2000］

## 2.1.3 两晋至南北朝时期的家具（265—581 年）

两晋至南北朝时期是我国家具由低型向高型发展的转变时期。在两晋之前，“席地而坐”是自古以来祖先传下来的生活习惯，但是随着社会的发展以及佛教的东来，人们在这个时期起居方式发生了一定的变化，高坐具家具开始萌芽。如凳、筌蹄（一种用藤竹或草编制成的细腰圆凳，可见于龙门石窟及敦煌壁画中）（图 2-1-6 和图 2-1-7）。这一时期的睡眠的床已增高，上部加床顶设顶帐仰尘，周围施以可拆卸的矮屏。起居用的榻也已加高加大，下部以壸门作装饰，人们既可坐于榻上，又可垂足坐于榻沿，并且床上出现了倚靠用的长几和半圆形的凭几［壸门装饰，是赋予结构构件上的装饰线，形成高型家具腿部的轮廓线，成为后世各式嵌板开光和牙条装饰的范例（图 2-1-8）］。家具纹样装饰除秦、汉以来传统的纹样外，随着佛教艺术的到来，又出现了火焰纹、莲花、卷草纹、璎珞、飞天、狮子、金翅鸟等纹样。

图 2-1-6 扶手椅

［图片来源：李雨红．中外家具发展史．哈尔滨：东北林业大学出版社，2000.］

这是我国迄今为止所见到的最早的椅子形象。敦煌 285 窟西魏壁画。

图 2-1-7 敦煌 257 窟西魏壁画

［图片来源：李雨红．中外家具发展史．哈尔滨：东北林业大学出版社，2000.］

这是我国迄今为止所见到的最早的方凳形象。

图 2-1-8 壸门装饰

## 2.1.4　隋唐时期的家具（581—907 年）

隋唐时期是中国封建社会前期发展的高峰，不仅是农业、畜牧业、手工业都得到了空前的发展，科学文化也达到了空前的水平，成为亚洲各国经济文化交流中心。因而家具的品种和样式大大增加，坐具出现凳、坐墩、扶手椅和圈椅（图 2-1-9 和图 2-1-10）。

床榻有大有小，有的是壸门台形体，有的是案形结构（图 2-1-11 和图 2-1-12）。在大型宴会场合再现了多人列坐的长桌长凳。此外还有柜、箱、坐屏、可折叠的围屏等。由于当时国际贸易发达，唐代的家具所用的材料已非常广泛，有紫檀、黄杨木、沉香木、花梨木、樟木、桑木、桐木等，此外还出现了竹藤等材料。唐代家具造型已达到简明、朴素大方的境地，工艺技术有了极大的发展和提高。如桌椅构件有的做成圆形，线条也趋于柔和流畅，为后代各种家具类型的形成奠定了基础。唐代家具的装饰方法也是多种多样，有螺钿、金银绘、木画等工艺（木画是唐代创造的一种精巧华美的工艺，它是用染色的象牙、鹿角、黄杨木等制成装饰花纹，镶嵌在木器上）。

图 2-1-9　唐式圈椅及雕龙足承
[图片来源：王抗生．中国传统艺术．北京：中国轻工业出版社，2000.]

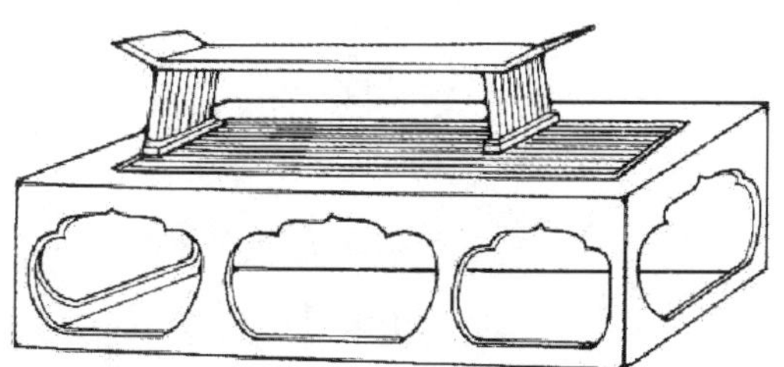

图 2-1-11　唐式壸门榻及翘头案
[图片来源：王抗生．中国传统艺术．北京：中国轻工业出版社，2000.]

图 2-1-10　唐式宝珠璎珞禅座及条案
[图片来源：王抗生．中国传统艺术．北京：中国轻工业出版社，2000.]

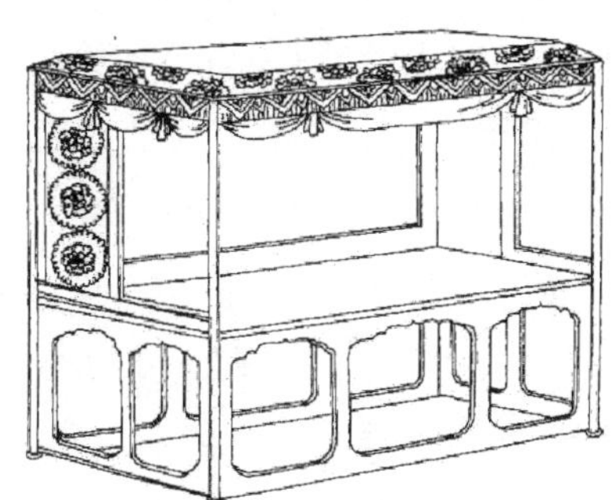

图 2-1-12　唐式壸门架子床
[图片来源：王抗生．中国传统艺术．北京：中国轻工业出版社，2000.]

## 2.1.5　宋、辽、金、元时期的家具（960—1368 年）

宋、辽、金、元时期，起居方式已完全进入垂足而坐的时代，桌、椅等高型家具在民间已十分普及。由于家具的使用也由以床为中心使用改为移至地上使用，从而使家具的尺度增高。这一时期是我国高型家具大发展时期。高型家具的系统已基本建立，家具品种也越来越完善，辽、金少数民族也深受这一潮流的冲击，其家具也日益走向高型化。

宋代家具的装饰也有别于前代。宋代之前的家具大都是在家具表面进行装饰处理，而宋代的家具则多是对零部件加以装饰，较突出的是喜欢在桌腿上着意用心。家具结构上突出的变化是梁柱式的框架结构代替了唐代沿用的箱形壸门结构（图 2-1-13）。大量应用装饰性线脚，极大地丰富了家具的造型，桌面下采用束腰结构也是这一时期兴起的，桌椅四足的断面除了方形和圆形以外，有的还做成马足形（图 2-1-14）。这些结构，造型上的变化，都为以后的明、清家具的风格形成打下了基础。

图 2-1-13 直腿直枨方凳梁柱式的框架结构

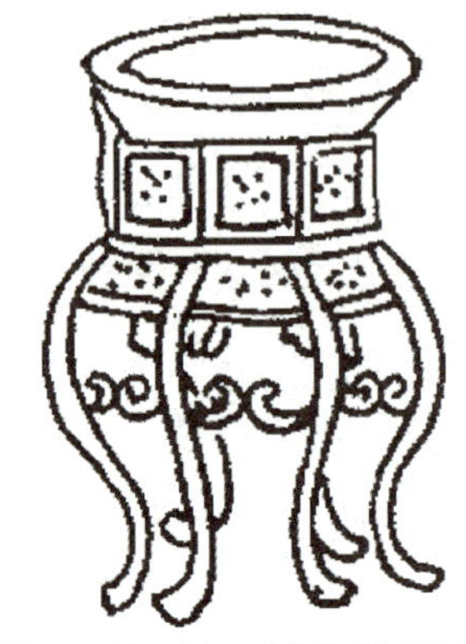

图 2-1-14 盆架四足的断面除了方形和圆形以外，作了马蹄形的处理

## 2.1.6 明代时期的家具（1368—1644 年）

明太祖朱元璋于 1368 年建立了明朝。明初兴修水利，鼓励垦荒，使遭到游牧民族破坏的农业生产迅速地恢复和发展。随着经济的恢复和发展，大兴住宅和建筑，海外贸易的发达以及一些类似《鲁班经》专门的书籍出现,对明代家具的发展和风格的形成都起到了推动作用。

明代家具大致有以下几大类：一是椅凳类，有官帽椅、后背交椅、圈椅、方凳等（图 2-1-15 ~图 2-1-20）；二是几案类（图 2-1-21 和图 2-1-22）；三是床榻类（图 2-1-23）；四是台架类（图 2-1-24）；五是屏座类（图 2-1-25）。其中主要的特色如下。

（1）用材讲究，质地优美。表面一般不用油漆，充分利用材料本身的色泽和纹理，不加遮饰，表面处理用打蜡或涂透明大漆，色泽雅致木纹优美。明式家具的用材可分为硬木[如黄花梨、红木、紫檀、杞梓（也称鸡翅木）、楠木等]和柴木（柴木家具通常以榆木为主，因为其花纹好看，硬度适中，便于制作，也好雕刻）两大类。

（2）造型简洁，比例适度，以线为主，流畅挺进。

（3）重视家具结构美，不用胶和钉，主要用榫卯结构，采用木构架的结构，与中国传统建筑的木构架很相似。例如方或圆形的脚好似建筑的柱，横档撑子好似梁，在脚与档的交接处用牙子（牙子是结构附件，左右对称，在小三角上变化多端，外缘有多种曲线，内加雕刻，或刻线、或镂花、或浮雕，进行不同纹样的装饰）连接并加固。

（4）注重装饰美，明代坐椅的雕饰均属重点式点缀。雕刻技法有浅刻、有平底浮雕、深雕、透雕、立雕等构图多采用对称式，或在对称构图中出现均衡的图案。雕饰的部位有：坐椅角柱间的牙板上、靠背的背板上及构件的端部等（“边花”、“团花”一般在桌肩、柜裙、椅背等处，“足花”在桌椅几案的足部，时有回纹如意等简单的雕饰）。家具中的金属饰件，大多是为保护端角或为加固焦点而设置的。常用的金属饰件有合页、锁匙、拉手等。面页、合页的形状一般有圆形、矩形、长方形、如意云头形以及拉手圆环、垂页等。

图 2-1-15　明代紫檀扇面形南官帽椅

图 2-1-16　明代黄花梨四出头官帽椅

因靠背类似官帽而得名，也可以称为扶手椅。明代的椅子根据靠背和扶手分出“四出头”、“二出头”、“无头”。特点是造型简洁，线条流畅，讲究优美和清秀的感觉。官帽椅一般不用装饰，受到文人的喜爱。

图 2-1-17　明代黄花梨交椅

［图片来源：上海博物馆中国明清家具馆］

交椅的雏形为汉代传入的“胡床”，为皇帝打猎时使用，又称“猎椅”或“行椅”，存世较少，身份特殊。

图 2-1-18　明代黄花梨透雕靠背圈椅

［图片来源：上海博物馆中国明清家具馆］

其由搭脑（坐椅靠背中央最高处）向两侧方向延伸，顺势而下，与扶手融合成一条弧形曲线。这种所谓马蹄形轮廓是中国坐椅独有的优美造型。

图 2-1-19　明代黄花梨束腰霸王长方凳

图 2-1-20　明代黄花梨长方凳

［图片来源：上海博物馆中国明清家具馆］

图 2-1-21　明代黄花梨三足香几

［图片来源：上海博物馆中国明清家具馆］

图 2-1-22　明代黄花梨夹头榫书案

［图片来源：上海博物馆中国明清家具馆］

图 2-1-23　明代黄花梨六柱式架子床

［图片来源：上海博物馆中国明清家具馆］

图 2-1-24　明代黄花梨雕花高面盆架［图片来源：上海博物馆中国明清家具馆］

图 2-1-25　明代黄花梨小坐屏风

［图片来源：上海博物馆中国明清家具馆］

明式家具造型优美多样，做工精细，结构严谨，之所以能够达到这种水平，与明代发达的工艺技术分不开。工欲善其事，必先利其器。用硬木制成精美的家具，是由于有了先进的木工工具，明代冶炼技术已相当高超，生产出锋利的工具。当时的工具种类也很多，如刨就有推刨、细线刨、蜈蚣刨等；锯也有多种类型，“长者剖木，短者截木，齿最细者截竹”等。

## 2.1.7 清代时期的家具（1636—1911 年）

如果说清初的家具还保留着明式特点的话，那么到了乾隆时期，家具的发展进入了又一个黄金时代。这时的家具已逐渐形成了与前代秀丽雅致的风格截然不同的风格，这是一种被后世称为富丽清尚的“清式风格”。

清朝经历来了近 300 年的历史，家具由继承、演变到发展，在形制、材料、工艺手段等多方面形成了其独特的风格。太师椅是清代这个特定封建历史时期的产物。用材多样，造型厚重。装饰丰富，技艺高超，有雕刻、镶嵌、漆饰等（图 2-1-26 ~ 图 2-1-29）。

其特点有 3 个：

（1）构件断面大，整体造型稳重，有富丽堂皇、气势雄伟之感，与当时的民族特点、政治色彩、生活习俗、室内装饰和时代精神相为呼应。

（2）雕工繁复细腻、装饰手法多样。

（3）成套组合，与建筑室内装饰融为一体。

虽然我国家具在古代有着辉煌的历史，但是清朝末年，随着外国移民者的入侵，民族工业遭到压抑，家具的形式与品种多为舶来品，民族家具业已近崩溃。

图 2-1-26 清代紫檀卷书式搭脑扶手椅
［图片来源：上海博物馆中国明清家具馆］

图 2-1-27 清代紫檀雕香莲云头搭脑扶手椅
［图片来源：上海博物馆中国明清家具馆］

图 2-1-28 清代紫檀雕云龙纹大方角柜
［图片来源：上海博物馆中国明清家具馆］

图 2-1-29 清代剔红花卉纹方桌、凳
［图片来源：上海博物馆中国明清家具馆］

# 2.2 外国历代家具史

外国历代家具史如图 2-2-1 所示。

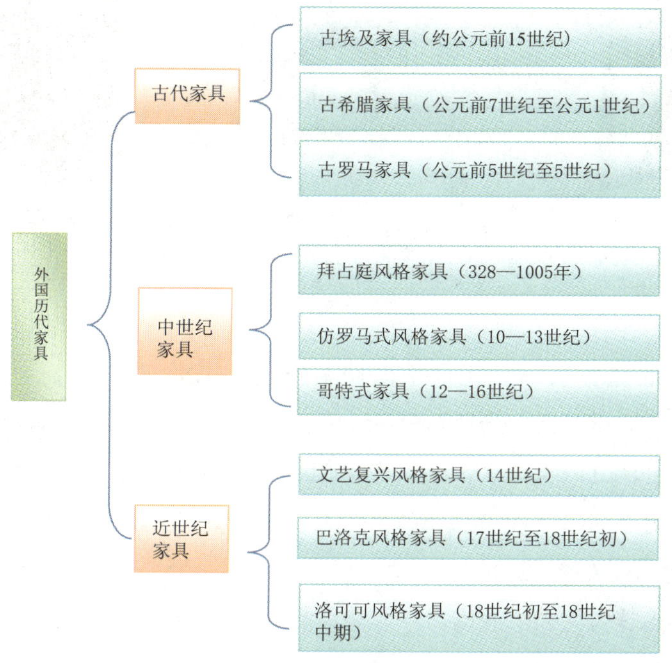


图 2-2-1 外国历代家具史

## 2.2.1 古代家具

外国古代家具主要指古埃及、古希腊和古罗马时期的家具。

### 2.2.1.1 古代埃及家具（约公元前 15 世纪）

古埃及位于非洲东北部尼罗河中下游地区的一段时间跨度近 3000 年的古代文明。埃及是世界上最早的文明古国之一，产生了人类第一批巨大的、神圣的、以金字塔为代表的纪念性建筑，写下了人类文明的辉煌一页。

古埃及家具的风格特点主要体现在严格遵循对称的规则，拘谨有动感，华贵。古埃及家具强调家具的装饰性超过了实用性。外观华丽而威严、其装饰多以动、植物为题材，家具脚多为雕刻成的鸭嘴兽、狮爪、马脚等，并以莲花、芦苇等图案装饰。古埃及的家具主要是为了充分体现使用者权势的大小，与其社会地位的高低。当时其家具的木工技艺也达到一定的水平，出现了较完善的榫接合结构和精致的雕刻镶嵌技术，在家具表面多以红、黄、绿、棕、黑、白等色。直至今天，仍对我们的家具设计、建筑设计、室内设计有着一定的借鉴和启发作用。多世纪以来，折叠椅一直被认为是最重要的家具之一，是社会地位的象征。在古文明中，折叠椅不只是为了供人就座，还用在了各种正式场合和仪式中。它最早出现于公元前 2000 至公元前 1500 年，由两个交叉的直木杆与皮革的座位构成。据说，当时由于折叠椅方便携带，所以军队指挥官才使用这样的坐椅。而后来的王座从折叠椅发展成为带有了装饰花纹与扶手的坐位，并有时还用象牙及装饰。折叠坐椅当时就是权力与财富的象征（图 2-2-2 和图 2-2-3）。

古埃及家具最具代表性的有，现存最早的椅子是从著名的吉萨金字塔中出土的图坦卡蒙的法老王座（图 2-2-4 和图 2-2-5）。

图 2-2-2 折叠凳

图 2-2-3 折叠椅

图 2-2-4 图坦卡蒙的法老王座

图 2-2-5 法老王座靠背上的贴金浮雕

法老王座靠背上的贴金浮雕表现出墓主人生前的生活场景，王后在给国王涂抹圣油，天空中太阳神光芒四射。椅子上面人的服饰都是用彩色的陶片和翠石镶成的，制作技术表现出了高度的精密性。

### 2.2.1.2 古希腊家具（公元前 7 世纪至公元前 1 世纪）

古希腊是欧洲文化的摇篮。据荷马史诗记载，从公元前 8 世纪起，在巴尔干半岛、小亚细亚西岸和爱琴海的岛屿上建立了许多奴隶制国家。古希腊在设计上同样也是西欧设计的开拓者，特别是建筑设计。尤其值得推崇的是，古希腊人根据人体美的比例获得灵感，创造了三种经典的永恒的柱式语言：多立克式（Doric）、爱奥尼式（Lonic) 和科林斯式 (Corinth)，成为人类建筑艺术中的精品。古希腊家具与古希腊建筑一样，由于平民化的特点，具有简洁、实用、典雅的众多优点。

古希腊家具因受建筑艺术的影响，家具的腿部常采用建筑的柱式造型，以及轻快而优美的曲线构成椅腿，家具的腿部常采用优雅优秀的艺术风格。它体现了功能与形式的统一、线条流畅、造型轻巧、为后世人所推崇。古希腊家具靠椅线条的弧线美与埃及家具那种僵硬的直线条形成了强烈对比。代表作品有克里斯穆斯( Klismos )的靠椅和三足桌( 图 2-2-6 和图 2-2-7 )。

图 2-2-6 克里斯穆斯（Klismos）的靠椅

[图片来源：何人可．工业设计史．北京：高等教育出版社，2004]

该椅在形式上有曲有直，各构件的厚度尺寸精巧匀称，过渡得十分自然顺畅，椅下腿曲线外向的张力通过坐面与其交接处外露节点处理以及靠背的内方向弯曲状设计而得到抵消，并达到一种相对均衡的状态。它与早期的希腊家具和埃及家具那种僵硬直线条形成了鲜明的对比。

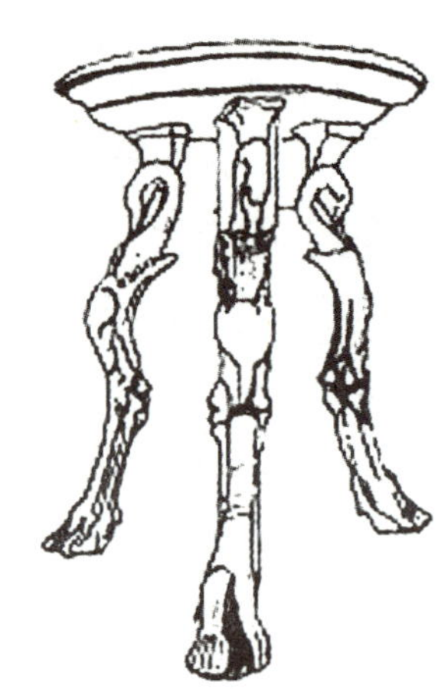

图 2-2-7 三足凳

[图片来源：何人可．工业设计史．北京：高等教育出版社，2004]

此桌体现了古希腊人在几何上对三角形稳定性的明确认识。就形状来说，古希腊人认为最美的形状为圆形，而且也有兽腿形的装饰，但它放弃了埃及人那种四足一致的做法，改变成四足均向外或均向内的样式。

### 2.2.1.3 古罗马家具（公元前 5 世纪至 5 世纪）

罗马本是意大利半岛中部西岸的一个城市，是自公元前 5 世纪起就实行自由民主的共和政体。公元前 3 世纪，已建立起奴隶制的罗马帝国随着不断扩张而迅速繁荣起来。到公元前 1 世纪末，已经从一个幅员不大的城邦国家发展成横跨欧、亚、非三洲的强大帝国，并于公元前 30 年形成了一个强盛的大罗马帝国，历史上称其为帝政时期，将此之前称为共和制时期。罗马帝国的经济、文化和艺术都得到了空前的繁荣和发展。古罗马家具在延续了古希腊家具风格之后又将其更进一步，使民族特色得以充分体现。

古罗马家具特有奢华的风貌。古罗马家具在造型和装饰上受到了希腊的影响，但更多地保持着民族特色的主导地位，这就是古罗马帝国的那种严峻的英雄气概在家具上的充分表现。家具的造型坚厚凝宣，加上战马、雄狮和胜利花环等装饰题材，构成了古罗马家具的男性化艺术风格。古罗马家具的铸造工艺已经达到了使人惊叹的地步，许多家具的弯腿部分的背面都被铸成空心的，这不但减轻了家具的重量，而且强度也较高。代表作品是庞贝出土的三腿凳（图 2-2-8）。

图 2-2-8　庞贝出土的三腿凳

[图片来源：何人可．工业设计史．北京：高等教育出版社，2004]

从形式上来看，它基本上没有脱离希腊家具的影响，此凳还保持着明显的希腊风格，但在装饰纹样上显出一种潜在的威严之感。而且弯腿部分的背面都被铸成空心的，减轻了家具的重量。

## 2.2.2　中世纪家具

“中世纪”一词最早出现于文艺复兴时期，意思是从罗马帝国灭亡到文艺复兴时代中间的这段漫长的“中间的世纪”。在此期间，艺术完全被宗教所垄断，成为了宗教的宣传工具。一些古板笨重的家具大部分被司祭、主教等占有。他们以能代表神或接近神而自居，为了显示他们的尊严和高贵，创造了许多居高临下的环境和气氛来进行宗教活动，于是形成了教会中使用的高座位家具。除教会家具之外，封建领主们使用的家具几乎都是非常原始的家具，这些粗糙的家具反映了当时社会落后、保守和愚昧的面貌。

### 2.2.2.1　拜占庭风格家具（328—1005 年）

公元 4 世纪，罗马帝国分裂为东罗马帝国和西罗马帝国。拜占庭帝国以君士坦丁堡为首都，以巴尔干半岛为中心，位于东西方的交汇点上。

拜占庭家具继承了罗马家具的形式，并融合了西亚和埃及的艺术风格，融和波斯的细部装饰，模仿罗马建筑的拱券形式，以雕刻和镶嵌最为多见，节奏感很强。在家具造型上由曲线形式转变为直线形式，具有挺直庄严的外形特征。由于当时人们奢华生活风气的影响，家具装饰多采用浮雕或镶嵌装饰，也常用象牙旋木来装饰，成为其特色。代表作品为马西米阿双斯王座（图 2-2-9）。

图 2-2-9　马西米阿双斯王座

[图片来源：家具设计．北京：中国轻工业出版社，2001]

它的基体全部是用象牙制成，当时拜占庭象牙雕刻技术也很精湛，图案主要由鸟兽、果实、叶饰和几何纹样组成。正面的嵌板上雕刻着基督耶稣洗礼者圣·约翰及众使徒。

#### 2.2.2.2 仿罗马式风格家具（10—13 世纪）

公元 11 世纪，意大利家具在装饰和造型上模仿古罗马建筑的风格特色，将古罗马建筑的拱券和檐帽等式样运用到家具上，形成了独特的“仿罗马式”家具的艺术风格。“仿罗马式”家具采用了旋木技术，并且有了全部用旋木制作的扶手椅。橱、柜常来用金属件和圆帽钉。家具装饰图案主要有几何纹、卷草纹等 ( 图 2-2-10 和图 2-2-11 )。

图 2-2-10 仿罗马式山顶形衣柜

[ 图片来源：李雨红 . 中外家具发展史 . 哈尔滨：东北林业大学出版社，2000 ]

当时的柜子形体小，顶端多呈尖顶形式，边角处多用金属件或铁皮加固，同时又能起到装饰作用。此柜造型既具有罗马式的特点，又具有向哥特式过渡的倾向。

图 2-2-11 德国旋木椅

[ 图片来源:《家具设计》]

#### 2.2.2.3 哥特式家具（12—16 世纪）

12 世纪后半叶，哥特式建筑 (Gothic Architecture) 在西欧以法国为中心兴起，其后扩展到欧洲各基督教国家，到 15 世纪末达到鼎盛时期。这一时期是欧洲神学体系成熟的阶段，哥特式的教堂使宗教建筑的发展达到了前所未有的高度。

家具受到哥特式建筑的影响，采用了哥特式建筑的特征和符号，最常见的手法是在家具上饰以尖拱和高尖塔的形象，并着意强调垂直向上的线条。哥特式家具的主要成就在于它的那些精细的木雕装饰，家具上几乎每一处平面都被规律地划分成方形、长方形，并且其内布满了藤蔓、花叶、根茎和几何图案的浮雕，图案都具有基督教圣经的意义。代表作有高背椅和马丁国王银椅 ( 图 2-2-12 和图 2-2-13 )。

图 2-2-12 高背椅

[ 图片来源:李雨红 . 中外家具发展史 . 哈尔滨：东北林业大学出版社，2000 ]

这种将靠背变高的目的就是把椅子作为权威的象征，同时也可以让椅子的空间体量感得到加强。高耸的椅背上端的烛柱式尖顶，有如矗立的蜡烛，这一切特征都是帝王宝座为了象征主权和地位而做的，椅背中部或顶盖的眉沿均由细密的拱券透雕或浮雕装饰。

图 2-2-13 马丁国王银椅

[ 图片来源：何人可 . 工业设计史 . 北京：高等教育出版社，2004 ]

它的椅背是仿建筑尖塔形，椅坐下部是矢形拱门，垂直向上的线条，椅背上布满的藤纹浮雕。它在造型和制作上都很能体现哥特式家具的特点。

### 2.2.3 近世纪家具

西方近代家具的发展经历了文艺复兴时期、巴洛克风格、洛可可风格的发展和演变。不同的国家和民族演绎出众多的造型和风格各异的家具。现在所说的西方古典家具主要是指这时期的家具，体现出一种欧洲文化深厚的内涵。至今仍受到人们的厚爱。

#### 2.2.3.1 文艺复兴风格家具（14 世纪）

西欧资本主义是从 14 世纪起在意大利开始兴起的，15 世纪以后遍及各地。由于社会劳动分工而促进了生产技术的革新，商品生产和商业日趋兴旺，城市新兴的资产阶级要求在意识形态领域开展反对教会精神统治的斗争，因此形成了以意大利为中心的为资本主义建立造舆论的“文艺复兴运动”。文艺复兴的中心思想是所谓的“人文主义”，主张文学艺术表现人的思想和感情，科学为人生谋福利，提倡个性自由以反对中世纪的宗教桎梏。文艺复兴运动促进了普遍的文化高涨，设计也随之进入了一个崭新的阶段，众星灿烂，繁花似锦，其影响所及直达 20 世纪。

文艺复兴时代一反中世纪刻板的设计风格，追求具有人情味的曲线和优美的层次。文艺复兴时期家具显示很大的自由度，曲线在家具中被广泛应用。文艺复兴后期的家具装饰最大特点是灰泥石膏浮雕装饰，做工精细，常在浮雕上加以贴金和彩绘处理，如意大利文艺复兴时期的靠椅、影木镶嵌衣柜（图 2-2-14 和图 2-2-15）。文艺复兴时期家具的主要成就是在结构和造型的改进与建筑、雕刻装饰艺术的结合，可以说，文艺复兴时期的家具主要是一场装饰形式上的革命。

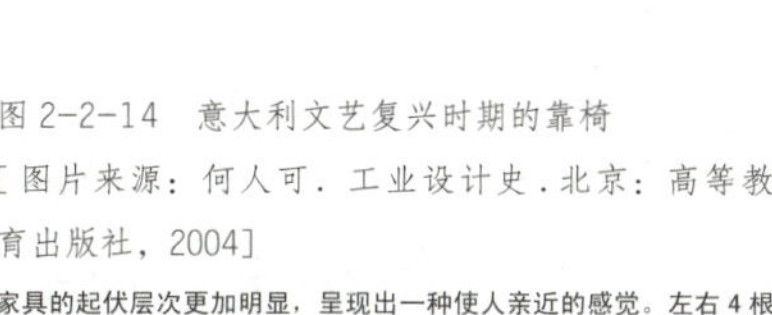

图 2-2-14 意大利文艺复兴时期的靠椅

［图片来源：何人可．工业设计史．北京：高等教育出版社，2004］

家具的起伏层次更加明显，呈现出一种使人亲近的感觉。左右 4 根 S 形粗腿，表面上采用雕刻等装饰，这种椅子多应用于公共的礼仪性活动。

图 2-2-15 意大利文艺复兴时期的意大利影木镶嵌衣柜

### 2.2.3.2 巴洛克风格家具（17 世纪至 18 世纪初）

16—17 世纪交替的时期，巴洛克式设计风格开始流行，其主要流行地区是意大利。巴洛克（Baroque）的原意为“畸形的珍珠”，专指珠宝表面的不平整感，后来被人们用来作为一种设计风格的代名词。早期能巴洛克风格家具的最主要特征是用扭曲形的腿部来代替方木或旋木的腿，这种形式打破了历史上家具的稳定感，使人产生家具各部分都处于运动之中的错觉（图 2-2-16 ~ 图 2-2-18），这种带有夸张效果的运动感，很符合宫廷显贵们的口味，因此很快地形成了风靡一时的潮流。后来的巴洛克风格家具上出现了宏大的涡形装饰，比扭曲形柱腿更为强烈，在运动中表现出一种热情和奔放的激情。此外，巴洛克风格家具强调家具本身的整体性和流动性，追求大的和谐韵律效果，舒适性也较强。但是，巴洛克风格的浮华和非理性的特点一直受到非议。

图 2-2-17 巴洛克风格沙发

图 2-2-16 巴洛克风格沙发框架

图 2-2-18 巴洛克风格的柜

［图片来源：何人可．工业设计史．北京：高等教育出版社，2004］

装饰主要集中体现在细部结构上。

图 2-2-19 洛可可风格的沙发

#### 2.2.3.3 洛可可风格家具（18 世纪初至 18 世纪中期）

洛可可（Rococo）的原意是指“岩石和贝壳”的意思，特指盛行于 18 世纪法国路易十五时代的一种艺术风格，主要体现于建筑的室内装饰和家具等设计领域。其基本特征是具有纤细、轻巧的妇女体态的造型，华丽和繁琐的装饰，在构图上有意强调不对称。装饰的题材有自然主义的倾向，最喜欢用的是千变万化地舒卷着、纠缠着的草叶，此外还有蚌壳、蔷薇和棕榈。洛可可风格的家具色彩十分娇艳，如嫩绿、粉红、猩红等，线脚多用金色（图 2-2-19 和图 2-2-20）。

图 2-2-20 洛可可风格的茶几桌角

[图片来源：何人可．工业设计史．北京：高等教育出版社，2004]

渐渐演变为尖腿，并且在腿上的修饰更加的细化。出现了各种植物藤条及花的装饰。

从发展根源上说，洛可可式风格是巴洛克式风格的延续，同时也是中国清代设计风格严重浸染的结果，所以在法国，洛可可又称为中国装饰。在洛可可风格的家具中，17 世纪那种粗大扭曲的腿部不见了，代之以纤细弯曲的尖腿。洛可可风格的家具多用平面的贝壳镶嵌和沥粉镀金，这些手法完全是从中国学来的。这时期家具的油漆成为重要的工艺手法，一种是中国式的黑漆上面有镀金纹样，另一种是纯白或浅色底上有镀金纹样，两者同样都显得华贵和高雅。

## 2.3 外国现代家具

### 2.3.1 19 世纪末家具设计经典大师

19 世纪末，在威廉·莫里斯的倡导宣传和身体力行之下掀起了一场以追求自然纹样和哥德式风格为特征，旨在提高产品质量，复兴手工艺品的设计运动，史称“工艺美术运动”。其影响波及欧洲各国及美国，并直接导致了欧洲的另一场运动——新艺术运动的产生。威廉·莫里斯出生于英国沃尔瑟姆斯托一个富有家庭，曾就读于牛津大学，后受过建筑师和画家的训练。莫里斯的设计主张从哥德式风格中吸取营养，从自然尤其是植物纺样中吸取素材与营养，主张设计风格的整体性。1861 年莫里斯和马歇尔、福克纳一起成立了以三人姓氏命名的商行——莫里斯·马歇尔·福克纳商行（简称 MMF），几年后这家商行改称为莫里斯商行。莫里斯商行设计生产的家具以木材为原料，造型简洁、朴实，具有浓郁的英国乡村风味，他们生产的带灯芯坐垫和圆柱椅腿的系列椅子，至今仍受欢迎。

托奈特（1796—1871）是奥地利人，生于莱茵河畔的波帕（Boppard）小镇，并于

1819 年在那里建立了一个家具作坊。1836 年托奈特以层压板的新工艺获得专利，而后于 1856 年他又获得工业化生产弯曲木家具的专利，此前在 1851 年英国伦敦博览会上，他展出了自己的新产品并获一项铜奖。他的家具中采用蒸汽压力弯曲成形的部件，并用螺钉进行装配，完全不用卯榫连接。最大特点是物美价廉，适合大批量生产。即使进入 20 世纪，其质量仍获得许多现代设计师的认同，勒·柯布西耶早年为自己的建筑室内所选择的家具中，即以托奈特椅为主。托奈特椅的另外一个重要特性是便于运输，它们虽非折叠式设计，但各构件间易于拆装，从而使运输空间达到极小。托奈特椅至今仍在生产中，包括数种变体形式，它是 20 世纪最为成功的椅子之一。除了英国的温莎椅和中国的明式椅，很难有其他的椅子能超过托奈特椅的生产年限。然而，对托奈特椅而言，更重要的是它内含的现代设计因素，这是引入新技术的成果（图 2-3-1）。

图 2-3-1 维也纳咖啡馆椅或称第 14 号椅

这一椅子首先于 1859 年推出，迄今已生产了 5000 万把以上。这种椅子十分简洁，每一个构件都毫不夸张，椅子的构造反映了结构的逻辑性，成了一件超越时代和地域的永恒之作。

## 2.3.2 第一阶段（20 世纪二三十年代）现代家具设计的经典大师

第一代现代家具设计大师出现于两次世界大战之间的 20 年。在欧洲的设计界，大部分艺术家、设计师都已意识到只有在大机器生产方面谋求发展才能适应时代的需要。在这股浪潮的冲击下，德国青年建筑师瓦尔特·格罗比乌斯一跃而成为新兴设计的领袖，成为“包豪斯”学派的带头人。在家具方面，其设计的特点是重功能，简化形体，力求形式同材料及工艺的统一。在这种背景下，思想超前，对社会需求敏感的第一代家具设计大师出现了。他们共有 5 位，其中里特维尔德的家具设计在设计手法和设计观念上对现代家具设计起到了启发性的作用，其中勒·柯布西耶，密斯·凡·德罗等人，他们都是现代设计运动的先驱（图 2-3-2）。

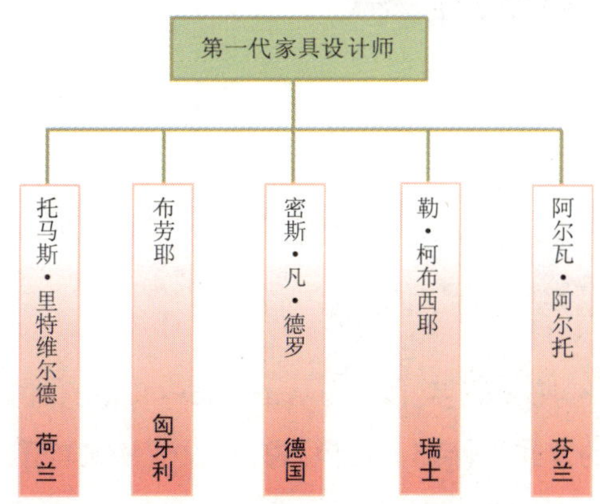


图 2-3-2 第一代现代家具设计大师

### 2.3.2.1 托马斯·里特维尔德［Gerrit Thomas Rietveld 1888—1964，荷兰］

“在现代设计运动中，里特维尔德是创造出最多的“革命性”设计构思的设计大师。并始终有独到的理解。有趣的是，里特维尔德一生中最富于革命性，他是家具设计史上第一件现代家具的设计人：1917—1918 年他设计并制作了红蓝椅，并于次年成为荷兰著名的风格派艺术运动的第一批成员（图 2-3-3）。里特维尔德下一个令世人再次震惊的设计是

1920 年左右完成的 Z 形椅( Zig Zag Chair，图 2–3–4 )、柏林椅( Ber Lin Chair，图 2–3–5 )，也是考虑到批量生产而设计的抽象造型椅子。他的家具特色表现为抽象的几何式造型，全部构件的规范化，能够形成大批量的机械化生产。

图 2–3–3 红蓝椅

红蓝椅是里特维尔德设计的一件里程碑式的作品。设计于 1927 年，深受艺术运动风格派特点的影响，图形抽象化，主要为的是表现宇宙间根本和谐的法则。

图 2–3–4 Z 形椅

里特维尔德设计于 1932 ～ 1934 年，它主要是采用了“斜线”的因素，扫除了使用者双腿活动范围内的任何障碍，显得十分简洁。它开拓了现代家居设计的一个新方向。

图 2–3–5 柏林椅

柏林椅设计于 1923 年，是为柏林博览会的荷兰馆设计制作的，它由横竖相向的大小不同的八块木板不对称地拼合而成。

### 2.3.2.2 布劳耶 [Marcel Lajos Breuer（1902—1981），匈牙利 ]

布劳耶是著名的现代设计学院——包豪斯的成员，1925 年，年仅 23 岁的布劳耶就设计出家喻户晓的“瓦西里椅”。布劳耶设计的扶手椅明显受到里特维尔德家具的影响，多使用胶合板设计制作他最初的家具，但同时他对里特维尔德的设计进一步发展以求更完美的功能：如弹性的框架，曲线形的坐面及靠背，以及选择适当的面料等。布劳耶的成名作——“瓦西里椅”的设计灵感来自于自行车的把手，首创钢管家具的先例 ( 图 2–3–6 和图 2–3–7 )。

图 2–3–6 瓦西里椅

椅子的构架为镀镍钢管，底面采用绷紧的织物，使用帆布、皮革、编藤、软木等手感好的材质，舒适感强。所用的材料可以标准化生产，可以进行拆卸互换。

图 2–3–7 拉西奥茶几

### 2.3.2.3 密斯·凡·德罗 [Mies Van der Rohe(1886—1969)，德国 ]

密斯是一位杰出的建筑设计师，但他在家具设计领域也显示出杰出的才华。他的家具处女作是 1926 年制作的钢管悬臂椅——MR 椅( 图 2–3–8 )。这件椅子以其文雅娴静的线条、明快欢畅的形体，产生了一种难以仿效的美感。1929 年，为了装饰巴塞罗那世界博览会的德国馆，制作了巴塞罗那椅 (Barcelona Chair)，以“人”字形钢条作支撑 ( 图 2–3–9 )；1930 年，他为捷克的一位富豪吐根哈特 ( Tugendhat) 设计一座不限造价的住宅，室内布置出自密斯之手的吐根哈特椅和布鲁诺椅 (Bruno Chair) 获得了完美、协调的效果 ( 图 2–3–10 和图 2–3–11 )。

图 2-3-8 钢管悬臂椅——MR 椅

图 2-3-9 巴塞罗那椅

该椅采用不锈钢钢架构成了优美的交叉弧线，用牛皮缝制坐垫，造型简洁大方。体现了一种高贵而庄重的气质。

图 2-3-10 吐根哈特椅

图 2-3-11 布鲁诺椅

### 2.3.2.4 勒·柯布西耶 [ Le Corbusier (1887—1965)，瑞士 ]

柯布西耶是 20 世纪最多才多艺的大师：建筑师、规划师、家具设计师、现代派画家、雕塑家等，毕生充满活力，对当代生活产生重大的影响。他设计的家具充分考虑到人机工程学的要求，而且造型也十分优美，体现了他的新精神。如 1927 年设计的角度可自由调节的牧童椅（Cowboy Chair）（图 2-3-12），1928 年设计的大安逸椅（Grand Confort）（图 2-3-13）、吊椅（Sling Chair）（图 2-3-14）等。这些作品体现了“对功能和美的追求，适合标准化及批量生产的要求”，并也体现了“多米诺体系”的基本方针。

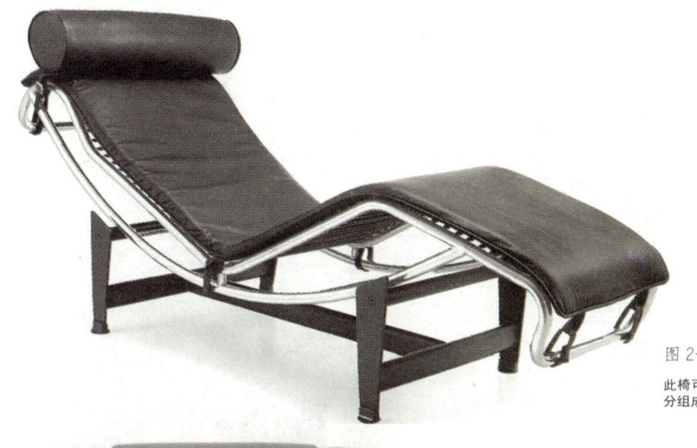

图 2-3-12　牧童椅

此椅可以调节成从垂足而坐到躺卧等各种姿势。它由上、下两部分组成，如果去掉下面的部分，可以当成摇椅使用。

图 2-3-13　大安逸椅

这是以新材料、新结构来诠释法国古典沙发，简化与暴露的结构是现代设计的典型做法，而且几块立方体皮垫被嵌入钢管框架中，便于清洁和换洗。

图 2-3-14　吊椅

镀铬刚管架，张力弹簧，坐垫和靠背为小牛皮蒙面。

### 2.3.2.5 阿尔瓦·阿尔托 [Alvar Aalto（1898—1976），芬兰 ]

阿尔托于 1898 年生于芬兰中西部小镇库奥塔内，主要在于韦斯屈莱 (Jyvaskyla) 度过少年时代。1916—1921 年在赫尔辛基工科大学学习建筑。在 1923 年创立自己的工作室之前一直参与博览会的设计，另外还周游欧洲各地，扩展自己的见识。1924 年与建筑师阿诺·玛赛 (Aino Marsio) 结婚后，设计于韦斯屈莱的工人会馆 (1925 年 )、帕伊米奥结核病

疗养院 (Sanatorium Paim)(1929—1933 年 )、巴黎 (1936 年 ) 纽约万国博览会的芬兰主展馆及采用弯木技术的家具开发等。1929 年设计了他的第一件层积胶合板椅子，不过最初还带有木框的层积弯曲木椅 ( 图 2-3-15 ~ 图 2-3-18)。1930 年创建阿尔泰克公司，专门生产他自己设计的家具、灯具和其他日用品 ( 图 2-3-19 )。阿尔托的作品明显地反映他受到芬兰环境影响的痕迹。从 20 世纪 20 年代开始至 30 年代，很多的工程都是两个人共同进行的。与阿诺・玛赛的共同经营以 1949 年阿诺・玛赛的去世而告终。3 年后阿尔托与另一位建筑师艾丽莎・玛琪纳米 (Elissa Makiniemi)( 1922—1994 年 ) 结婚，再次成为公私兼顾的伙伴，从此开始另一阶段成果同样丰富的设计旅程。不断采用新构造、新技术的阿尔托是代表 20 世纪的建筑家，至今仍为很多的芬兰人所喜爱。

图 2-3-15 钢琴椅

［图片来源：北欧设计家具与建筑］

阿尔泰克家具店 1932 年。

图 2-3-16 弯曲木椅

这种椅子整体造型十分优美，是斯堪的纳维亚半岛所诞生的最具魅力的弯曲木椅。它以人体曲线为造型依据，以胶合模压制成坐靠部分。

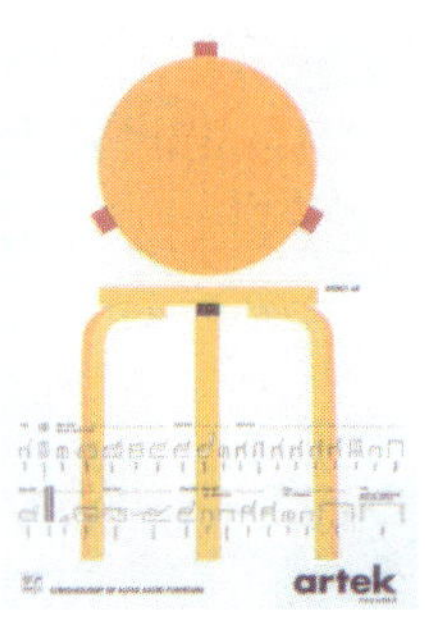


图 2-3-17 扇形凳

扇形凳是阿尔托在腿型上的一个杰作。利用 90° 的弯曲木腿，按图锯成等腰 18° ，然后将 5 个同样的弯曲木腿用圆棒榫连接起来，成为一个“扇形腿”。在两个 90° 弯腿之间各切去一个 45° 角，然后拼装连接起来，就成了 “Y 形腿”，这是弯曲木家具的特有腿型。

图 2-3-18 叠摞圆凳

叠摞圆凳可以通过叠置，圆凳可以形成螺旋轨迹，这是椅子附加上靠背的新造型，造型依旧如前完整统一。

图 2-3-19 阿尔泰克家具店

阿尔托夫妇与美术评论家尼尔斯・古斯塔夫・霍尔、芬兰著名赞助者迈雷・古利岑在 1935 年共同创建了 Altek Oy AB 的销售与市场公司，是位于赫尔辛基市内繁华大街一直表现国内外最新设计的展览室和先进文化信息的传播基地。

## 2.3.3 第二阶段（20 世纪 30 ~ 50 年代）现代家具设计的经典大师

第二代现代家具设计大师主要活动于 20 世纪 30 ~ 50 年代。与第一代大师相比，他们基本上都是以家具设计和室内设计作为其主要职业领域，他们对于家具的理解和创作态度以及在对现代设计与生活之间关系的看法上与第一代设计大师有着明显的不同。第二次世界大战后在重建家园的过程中，第二代现代家具设计师开始关注于生产与设计之间的关联，认为产品不应作为一种文化的奢侈品，而应该是现实生活中的一个实在的部分。20 世纪 30 ~ 50 年代新材料和新工艺的不断涌现，促进了北欧家具和美国家具的发展，“北欧学派”和“美国学派”是这一时期家具设计的主要力量（图 2-3-20）。

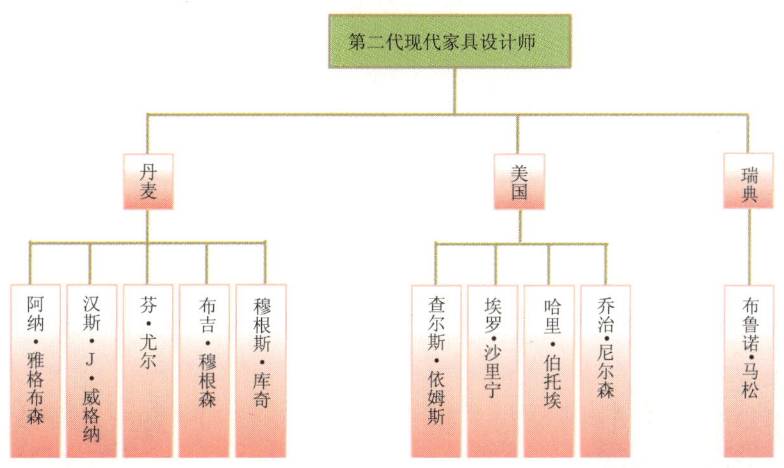

图 2-3-20 第二代现代家具设计师

### 2.3.3.1 阿纳·雅格布森 [Arne Jacobsen (1902—1971)，丹麦]

阿纳·雅格布森 1902 年出生于哥本哈根。在哥本哈根工艺学校、丹麦皇家美术学院学习设计、建筑。1929 年，作品《未来之家》在设计大赛上获奖而受世人瞩目。其后，相继着手设计哥本哈根近郊的高级住宅街 Bellevue 地区的开发（1932—1935 年）（图 2-3-21）、市政厅办公室（1937—1942 年）、英国牛津大学的圣·凯瑟琳学院（1960—1963 年）（图 2-3-22）等国内外公共建筑。雅格布森的大多数设计都是为特定的建筑而作的，因而与室内环境浑然一体。在 20 世纪 50 年代，他设计了 4 款经典的椅子，即 1952 年为诺沃公司设计的蚁形椅 (Ant Chair)（图 2-3-23）；1955 年，雅格布森设计出的最为著名的 Model3107Chair，也称 7 号椅，据说该椅总共售出了 500 万把，相当于丹麦全国人每人一把（图 2-3-24）；1958 年为斯堪的纳维亚航空公司旅馆设计的天鹅椅 (Swan Chair)（图 2-3-25）和蛋形椅 (Egg Chair)（图 2-3-26）。这 4 种椅子均是采用当时最新技术，即热压胶合板整体成型，具有雕塑般的美感。即使是今天，仍可堪称为家具的优秀设计。雅格布森有着完美主义设计思想，所有的设计都重视统一感，一个物件的内部装饰，甚至于一个零件都事无巨细进行雕琢。他不仅是丹麦，同时也是整个北欧的“现代主义之父”。

图 2-3-21 Bellevue 地区的联排式住宅

图 2-3-22 牛津大学的圣·凯瑟琳学院

图 2-3-23　蚁形椅

图 2-3-24　7 号椅

图 2—3-25　天鹅椅

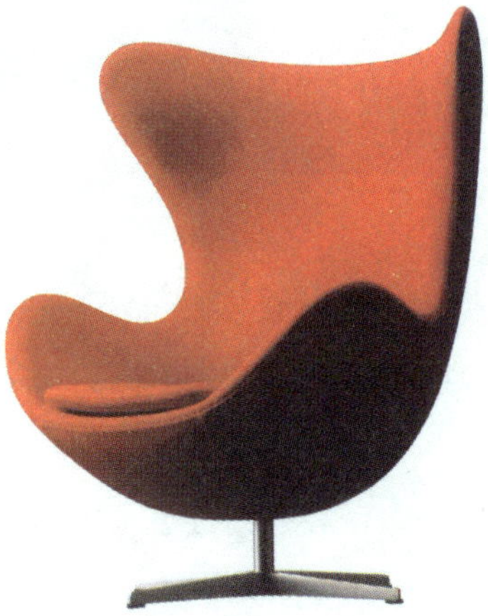

图 2-3-26　蛋形椅

### 2.3.3.2　汉斯 .J. 威格纳 [Hans J Wegner（1914—　），丹麦 ]

汉斯 .J. 威格纳 1914 年出生于丹麦的日德兰半岛。1931 年开始学习技术，掌握了家具木工技术。 1936—1939 年在哥本哈根艺术专科学校学习家具设计。曾经参与雅各布森设计的市政厅办公室建设工程。同布吉•穆根森 ( Borge Mogensen) 共同运营设计事务所，1946 年开始独立设计。

根据从 18 世纪中国椅子所获得的灵感而设计制作出的中国椅 (China　Chair) ( 图 2-3-27 ) 和 Y 形椅 (Y Chair) ( 图 2-3-28 ) 等作品 ( 图 2-3-29、图 2-3-30 )，甚至是至今仍在全球有很多赝作的著名作品。另外，他认为高个子坐低椅比矮个子坐高椅要舒适得多，所以他设计的坐具椅面高度总是略低于标准高度。其作品的特色是外形流畅漂亮，表现了木工匠精巧的制作技术。他的作品 1951 年获米兰国际家具展最高奖，1959 年获得伦敦皇家艺术协会工业设计荣誉奖，1967 年获得 NY 美国室内装饰设计师学会贡献奖、1987 年获丹麦设计委员会年度奖等，获得了几乎所有授予给设计师的荣誉。

图 2-3-27　中国椅

图 2-3-28　Y 形椅

图 2-3-29　三条腿贝壳椅

图 2-3-30　圈椅

#### 2.3.3.3　芬·尤尔 [Finn Juhl（1912—1989），丹麦]

芬·尤尔 1912 年生于哥本哈根，在哥本哈根郊外的一个布匹批发商的家庭中长大，1930 年在丹麦皇家美术学院学习建筑，1934 年毕业，毕业后进入威廉劳瑞森 (Vihelm Lauritzen) 设计事务所。1945 年建立了自己的工作室。其后的活动取得了辉煌的成就，相继着手设计了联合国总部信托投资理事会的会议室，多伦多、伦敦的商店以及华盛顿的丹麦大使馆的内部装饰等，作为北欧设计黄金期的 20 世纪 50 ~ 60 年代的代表丹麦的建筑师，其声名显赫。另外，不仅限于建筑，其设计领域广泛，在室内装饰、家具、陶器、玻璃器具、电器制品等领域都有作品。尤尔是丹麦学派另一位风格独特的人物，他以手工艺与现代艺术巧妙结合的方式创造出一种非常耐看的家具。其椅子设计中雕塑般的构件造型、材料的精心选择和搭配，开启了丹麦学派中向有机形式靠拢的新设计理念。他设计的家具受到原始艺术和现代抽象有机雕塑艺术的影响，作品被称为“优雅的艺术创造”。尤尔虽然喜欢使用柏木，但随着时间的流逝，对于色彩和光泽的雕琢，柔和的弯曲更加引人注目 (图 2-3-31 ~图 2-3-34)。

图 2-3-31　首领椅

图 2-3-32　诗人沙发

图 2-3-33 塘鹅椅

图 2-3-34 FJ-53 休闲椅

### 2.3.3.4 布吉·穆根森 [ Borge Mongensen（1914—1972），丹麦 ]

布吉·穆根森 1914 年出生于丹麦日德兰半岛北部的工商业城市奥尔堡。1934 年开始从事家具制作工作。1936—1938 年在哥本哈根工艺学校学习，1938—1941 年在丹麦皇家美术学院学习建筑。在皇家美术学院师从凯尔·科林特 (Kaare Klint)，后来担任其助手。1942 年就任丹麦一家公司的首席设计师。1950 年创立个人事务所。代表作是忠实地反映其老师凯尔·柯林特和美国震教徒沙克家具（Shaker）影响的 J39 沙克椅（1944 年）等。其作品的特色是所有作品均采用皮革或木材等素材，在简约的设计中也含有灵活运用木工匠人技术所塑造的漂亮外形。与威格纳并称为丹麦家具的代表设计师。“越简单越好”是穆根森的设计理念，他的家具都是为普通市民设计的，尤其符合年轻人的品味，如西班牙椅、翼状靠背椅、支轴直背椅（图 2-3-35 ~ 图 2-3-37)。

图 2-3-35 西班牙椅

图 2-3-36 翼状靠背椅

图 2-3-37 支轴直背椅

#### 2.3.3.5 穆根斯·库奇［Mogens Koch（1898—1993），丹麦］

出生于哥本哈根的穆根斯·库奇是凯尔·科林特的另一位最有成就的传人。库奇于1925年毕业于丹麦皇家学院建筑系，随后留校担任凯尔·科林特的助手多年，这期间，他于1932年设计的MK折叠椅是他一生中最著名的作品。除家具之外，库奇也配合丹麦教堂建筑改造工程设计了许多金银器、地毯和其他纺织品，库奇的作品逐渐成为丹麦学派中不可或缺的一个部分，定期参加“丹麦艺术”在美国的巡展，引起极大的轰动。库奇多年的教学工作为丹麦培养了一大批现代家具设计人才，从1950年接任凯尔·科林特的教授职位起直到1968年，一直是母校最主要的教授之一，同时他也时常外出，讲学任教。

库奇的家具设计完全继承了凯尔·科林特的设计哲学，以进化的眼光看待历史上的所有设计，而后选择自己喜爱的品种进行彻底而深化的研究，库奇的所有家具设计都是对传统设计的提炼，是以传统形式为基本出发点，以现代生活的内涵进行再创造。库奇的作品都是非常适用的家居用品，由于他的设计构思建立在已经多年发展的传统设计基础之上，其设计在使用上必定符合人们的习惯，这是丹麦学派中的主流设计哲学。库奇一生中对折叠椅的设计兴趣最大，而他选择设计的突破口并非大多数人使用的“中国式折叠”，即以使用者坐姿的前后方向进行折叠，而是使用“欧洲式折叠”，即从使用者坐姿的左右方向进行折叠，库奇是这后一种折叠的最成功的设计师，对这种折叠方式研究非常投入，设计一出系列完善的折叠椅、折叠凳、折叠桌及折叠床等。库奇的折叠家具都是以木料为构架。以帆布或者皮革作为坐面和靠背，他们的家具不仅在丹麦，在北欧也很流行，而且很快在英国等其他欧洲国家和美洲大陆风行起来。库奇的设计生涯告诉人们一个简单的道理，选择一个合适的设计突破口，对设计师而言已成功了一半（图2-3-38）。

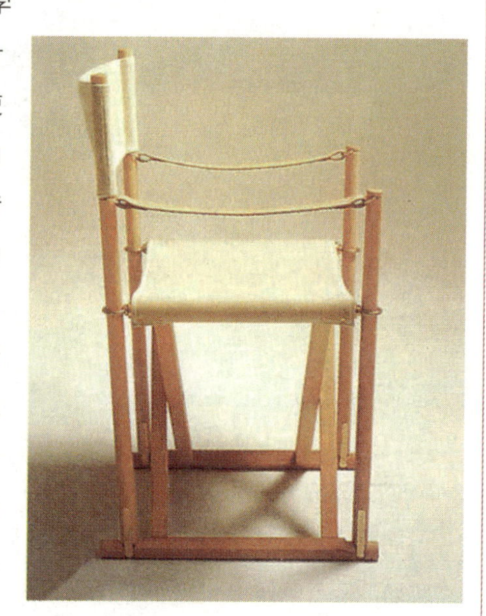

图2-3-38 MK折叠椅

#### 2.3.3.6 查尔斯·伊姆斯［Charles Eames（1907—1978），美国］

查尔斯·伊姆斯是美国最杰出、最有影响的少数几个家具与室内设计大师之一，在克兰布鲁克完成学业，在那里他结识了埃罗·沙里宁、诺尔、贝尔托亚以及他后来的妻子凯泽。他与埃罗·沙里宁全力从事家具设计的研究。他们在阿尔托、布劳耶二维成型模压弯曲的基础上，终于成功地研究了胶合板三维成型模压壳体结构，并一举夺得1940年纽约现代艺术博物馆主办的题为“住宅装备的有机设计”椅类的一等奖。他们利用第二次世界大战期间发展起来的胶合板材料，表面蒙上发泡橡胶，然后经一次成型处理，形成线条流畅、便于工业生产的新型家具，从此开辟了在家具上使用三维成型壳体的道路（图2-3-39）。

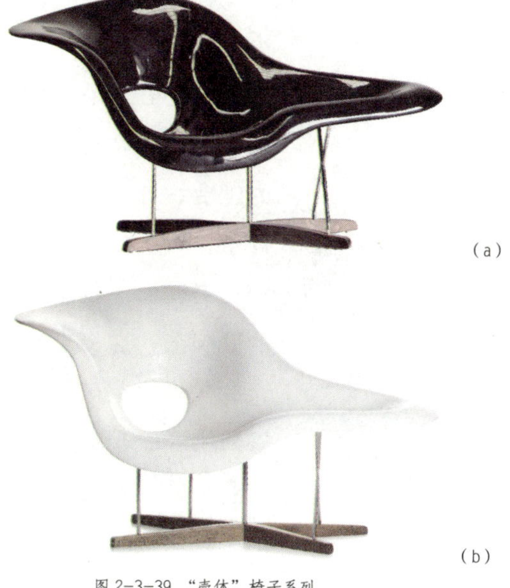

(a)

(b)

图2-3-39 “壳体”椅子系列

图 2-3-40 DKR 椅

这一套椅子，伊姆斯放弃了人体形状的创意，利用焊接金属线复制了 S 形外壳的形状，这足以证明了金属丝轻巧透明，同时又具有高度弹性。

伊姆斯的设计一切从实际出发，他从不停止对新材料的创新性运用。伊姆斯设计了 DKR 钢丝休闲椅，钢丝椅配有两块真皮软垫，时尚兼顾舒适，由交替编织的钢丝构成的椅座，位于弯钢焊接底架上，这种底架也称“埃菲尔铁塔”底架。坐椅能够自然贴合人的身体（图 2-3-40）。

1946 年由伊姆斯设计的 LCM 椅子只有三只腿，因而稳定性方面的问题限制了其大量生产。1957 年开始生产 LCM 椅子，1994 年再次投放到市场上。1999 年被时尚杂志评选为“百年最佳设计”（图 2-3-41）。

图 2-3-41 LCM 系列椅

### 2.3.3.7 埃罗·沙里宁 [Eero Saarinen（1910—1961），美国]

埃罗·沙里宁有句名言：“我和我的设计都属于自己的时代。”他出生于芬兰著名的设计家庭，父亲老沙里宁自不必多说，母亲洛雅·盖塞露斯则是一位雕塑家、纺织品设计师、建筑模型设计师及摄影师。由于老沙里宁的朋友们大都是芬兰、欧洲艺术界和设计界的名流，老沙里宁毕生强烈的竞争进取心使小沙里宁受到了很深的影响，使他逐渐成长为一位优秀的建筑设计师。

小沙里宁是一位多产的建筑师，同时也是一位有才的工业设计师。他的家具设计常常体现出“有机”的自由形态，而不是刻板、冰冷的几何形，这标志着现代主义的发展已突破了正统的包豪斯风格而开始走向“软化”。这种“软化”趋势是与斯堪的纳维亚设计联系在一起的，

图 2-3-42 胎椅

这把椅子可以容许人们采用几种不同的坐姿而不是僵化的单一坐姿。松软的座位和靠背垫子使得椅子达到期望的舒适度。

被称为“有机现代主义”。小沙里宁的家具设计中除了注重现代材料和现代生产技术、工艺的运用外，其有机设计的表现形式往往借用了现代艺术的语言，注重与整体环境的协调一致，致力于创造一种现代设计与艺术和环境相结合的语境。他著名的设计有胎椅（图 2-3-42）和郁金香椅（图 2-3-43）。

图 2-3-43　郁金香椅

郁金香椅的支撑物就是中间的那根细杆，像酒杯中的高脚杯一样，造型优美。

### 2.3.3.8　哈里·伯托埃 [Harry Bertoia（1915—1978），美国 ]

哈里·伯托埃认为，对椅子来说，最主要是使人坐得舒服，并且椅子的功能种类应十分分明。他于 1957 年设计的网状金刚石椅 (Diamond chair) 一出现（图 2-3-44），就得到美国及西方国家的广泛赞誉，并广为流传，直到今天仍是十分普及的一种椅子。他的设计不仅完善地满足了功能上的要求，而且同他的纯雕塑作品一样，也是对形式和空间的一种探索。

(a)　(b)

图 2-3-44　金刚石椅

### 2.3.3.9　乔治·尼尔森 [ George Nelson（1907—1986），美国 ]

乔治·尼尔森是美国极具影响力的建筑师，也是一位多产的家具设计师和产品设计师，曾经担任 Herman Miller 家具公司的艺术总监长达 20 年，可以说和依姆斯夫妇一起形塑了美国现代家具的样貌。

图 2-3-45　椰壳椅

尼尔森的椅子和沙发设计非常有创意，1955 年他设计了椰壳椅（图 2-3-45），如名称所示，其构思来源于椰子壳的一部分，这件作品看起来很轻便，但是由于“椰子壳”为金属材料，所以其分量并不轻。他的另一个著名的家具是“向日葵沙发”（图 2-3-46），该沙发设计于 1956 年，主体部分被分解成一个个小圆盘，并附上了不同颜色的面料。他使用的色彩明快大胆，以及造

图 2-3-46 向日葵沙发

该沙发可以选用不同颜色和大小的沙发软垫进行再组装。

型上运用的几何形式都预示着 20 世纪 60 年代波普艺术的到来。尼尔森对模数的钟爱也扩展到他的沙发设计中，其简洁的造型和自由组合的构思多年主宰着家具市场，20 世纪 60 年代尼尔森设计出的家用椅、酒吧椅等曾引起广泛的关注。

#### 2.3.3.10 布鲁诺·马松 [Bruno Mathsson（1907—1988），瑞典]

瑞典家具设计大师布鲁诺·马松出生于瑞典小城瓦那穆（ Varnamo ）的一个木匠世家，马松从小就在父亲的家具作坊当学徒，并在以后整个一生中都在那里工作。马松的设计原则是“遵循功能主义，并将技术的开发与形式相结合”。在椅子设计上，他利用单板模压弯曲技术，独创了一种柔和优美的形式，成为瑞典乃至北欧家具的经典。靠背与坐面制成一体，脚架独成一体，这样靠背就容易获得舒适的曲线，脚架可随从靠背成为稳定的基础，充分显示胶合弯曲木的曲线美（图 2-3-47）。

（a）

（b）

图 2-3-47 Eav 椅（1934 年）

### 2.3.4 第三阶段（20 世纪 60 ~ 70 年代）现代家具设计的经典大师

第三代现代家具设计大师多在 20 世纪 60 ~ 70 年代大获成功的设计师。经过第二次世界大战后十几年的恢复、调整和加速发展，他们在设计上所取得的成就在 20 世纪再也没有被超越过。科技的进步成为这一代大师创新的物质基础。他们几乎尝试了所有能想到的材料，包括空气与水，但其中最为突出的是塑料的运用，竟持续了 10 年之久。同时模压、一次成型等新工艺技术被广泛采用，大量实用而大众化的产品设计层出不穷。第三代家具设计师主要有：北欧学派、意大利学派和几位美国设计师（图 2-3-48）。

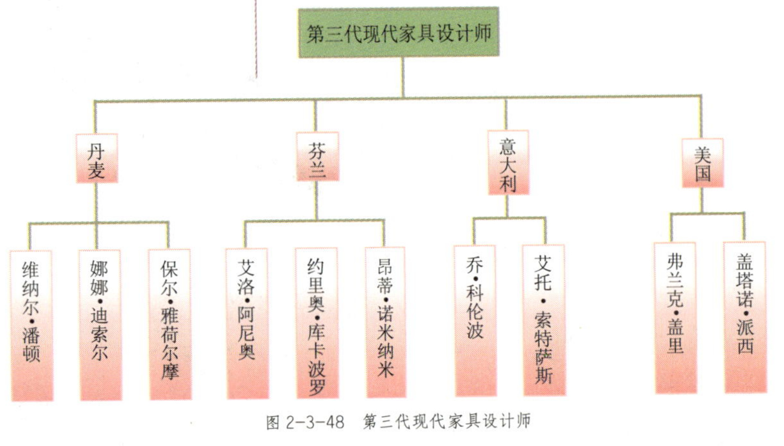


图 2-3-48 第三代现代家具设计师

#### 2.3.4.1 维纳尔·潘顿 [Verner Panton（1926—1998），丹麦 ]

维纳尔·潘顿 1926 年生于丹麦。1947 年在欧登赛的技术学校学习土木技术。1947—1951 年在丹麦皇家美术学院学习建筑。学习期间的 1950—1952 年，在阿纳·雅格布森 (Arne Jacobsen) 设计事务所工作，1955 年在哥本哈根创建了自己的建筑与设计事务所。后来，将工作和生活重点转向法国的戛纳 ( Cannes) 和瑞士的巴塞尔 (Basel)。1958 年发表的潘顿椅 (Panton Chair) ( 图 2-3-49 )，是世界上首次将当时很多设计师所挑战的塑料一体成型的椅子设计制作成功的。其后他的设计从椅子、照明等小物件到展览会、饮食店、写字间的内部装饰以及纺织品等各种领域，其所有的实验性技术受到世人瞩目 ( 图 2-3-50 )。

图 2-3-49 潘顿椅 ( 1958 年 )

图 2-3-50 锥形椅和月光灯 (1960 年 )

#### 2.3.4.2 娜娜·迪索尔 [ Nanna Ditzel (1923— )，丹麦 ]

娜娜·迪索尔 1923 年生于丹麦。是北欧学派中唯一的一位女性设计师，有“设计贵妇”之称。1942 年在理查德学校学习家具木工，其后在艺术设计学校和丹麦皇家美术学院学习设计，1946 年毕业，同年与丈夫琼根·迪索尔 ( Srgen Ditzel ) 成立了自己的设计事务所，娜娜擅长木工，琼根擅长贴布，共同设计制作并发表了吊在天棚上的吊椅 ( Hanging Chair ) ( 图 2-3-51) 等令人耳目一新的家具设计。与琼根共同设计的作品在 1951 年和 1954 年获得米兰国际家具展的银奖 。1956 年获得龙宁奖等设计大奖，获得很高的评价。1961 年琼根去世后，娜娜开始进入个人活动阶段。1968 年与库尔特·海德 ( Kurt Heide ) 结婚后移居伦敦。不幸两次降临，由于海德的去世，1986 年她将活动重新转回丹麦哥本哈根，设计出双人凳子 ( 1989 年 ) ( 图 2-3-52 )。她在室内、家具、纺织品、首饰等多方面有着不俗的表现。娜娜在家具设计中对集合要素、圆弧、环状构图、有韵律的色彩排列与重

图 2-3-51 吊椅

[ 图片来源：北欧设计家具与建筑 ]

此吊椅采用竹藤与金属支架的结合，现代感强。椅子上部采用金属链条的链接，使得人们能在椅子内部自由晃动，能使人产生一种很随意的感觉。

复有极大的兴趣。多年来，她对蝴蝶十分着迷，以此产生了一系列“蝴蝶椅”（图 2-3-53），体现了一种生命感和优雅感。

图 2-3-52 双人椅和桌子

[ 图片来源：娜娜·迪索尔（20 世纪家具）丹麦 ]

作品的灵感来自于蝴蝶那生动的美丽。长椅的两个曲线型靠背采用了枫木夹合板材料，用丝网印刷术装饰以一道道同心圆。椅子腿与休闲桌合并在一起的时候。这个桌子的三角形造型的一边围成了圆形，可以整齐地嵌入长椅中，从而使视觉表现更为完整。

图 2-3-53 蝴蝶椅

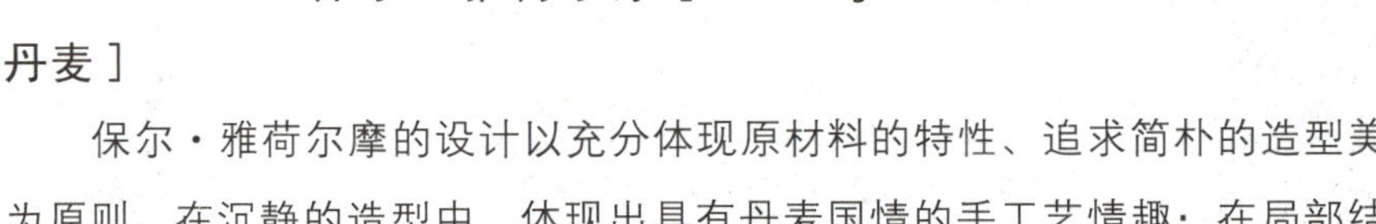

### 2.3.4.3 保尔·雅荷尔摩 [Paul Kjaerholm（1929—1980），丹麦 ]

图 2-3-54 三腿椅

保尔·雅荷尔摩的设计以充分体现原材料的特性、追求简朴的造型美为原则。在沉静的造型中，体现出具有丹麦国情的手工艺情趣；在局部结构中，表现原材料的质感。他的代表作为三腿椅（图 2-3-54）、PK 系列桌椅（图 2-3-55 和图 2-3-56）和 1981 年展出的遗作——曲木椅等。

图 2-3-55 PK 系列椅

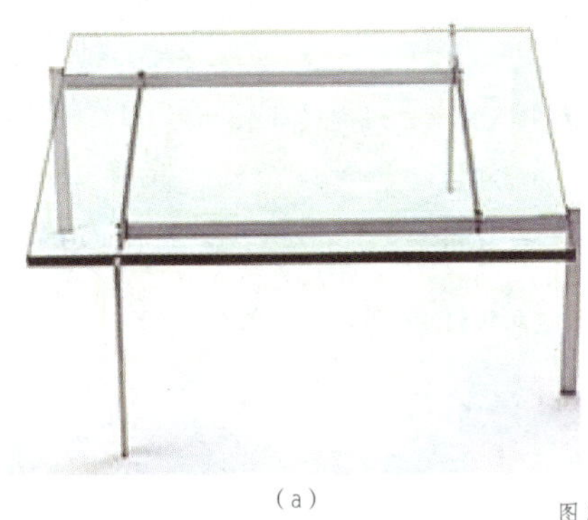

(a)

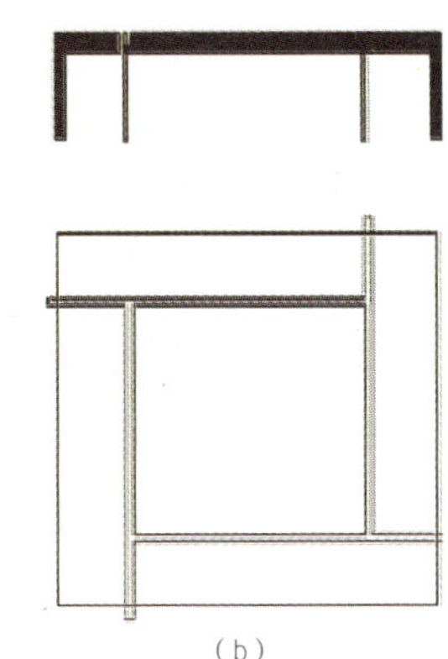

(b)

图 2-3-56 PK 系列桌

### 2.3.4.4 艾洛·阿尼奥 [ Eero Aarnio（1932— ），芬兰 ]

艾洛·阿尼奥 1932 年生于芬兰首都赫尔辛基。1954—1957 年在赫尔辛基工艺美术学院（现 UIAH）学习设计。1962 年创建自己的工作室，其后开展以工业设计、室内装饰设计灯立体作品为中心的设计活动。阿尼奥的第一件家具是他设计用藤条编的椅子系列，这一系列别称为蘑菇椅（图 2-3-57），从 20 世纪 50—90 年代一直被人们广泛使用。后来该系列改用玻璃钢为材料，同时配有精美的坐垫（图 2-3-58）。其代表作球椅 (Ball 别名 Globe)( 图 2-3-59) 和泡泡椅（Bubble）（图 2-3-60）60—70 年代在很多时尚杂志上登载。其作品讲究成型和着色灵活，运用了塑料素材的自由特性，采用了以既存家具设计常识所难以把握的设计技术所设计出来的 Pastil 椅（图 2-3-61），宛如动物摆设儿的

Pony 椅（图 2-3-62）等作品始终充满了童趣。艾洛·阿尼奥虽然不是典型的芬兰设计，但也是一名代表现代芬兰的设计师。“无论什么时候，只做自己喜欢的东西。与其说是设计师，倒不如说是一名雕刻家”，阿尼奥如是说。

图 2-3-57 蘑菇椅（1960 年）

图 2-3-58 “象蹄”的藤编椅

图 2-3-59 球椅（1963 年）

图 2-3-60 泡泡椅（1968 年）

图 2-3-61 Pastil 椅（1967 年）

图 2-3-62 Pony 系列（1973 年）

### 2.3.4.5 约里奥·库卡波罗 [Yrjo Kukkapuro（1933— ），芬兰]

约里奥·库卡波罗 1933 年出生于芬兰的维堡 (Wyborg)。1954—1958 年在赫尔辛基工艺设计学院（现 UIAH）学习，受到老师伊玛里·塔佩瓦拉 (Ilmari Tapiovaala) 和奥利·波里 (Olli Borg) 的很大影响。1959 年库卡波罗设立自己的事务所“库卡波罗工作室”，他很早就对利用塑料或玻璃纤维制作椅子怀有浓厚的兴趣。1965 年发表了利用塑料成型技术设计的椅子卡路赛利 (Karuselli)（图 2-3-63）。在北欧设计失势的 20 世纪七八十年代，作为芬兰后现代主义旗手引领设计界。1978 年设计制作费依尔 (Fysio)（图 2-3-64），使人类工学为设计基础的办公椅子成为一种趋势。作为芬兰家具公司阿旺特家具公司 (Avarte) 的骨干设计师，现在仍然从事设计活动，其独特的造型今天仍为年轻人所欢迎（图 2-3-65 和图 2-3-66）。

图 2-3-63 卡路赛利（1965 年）

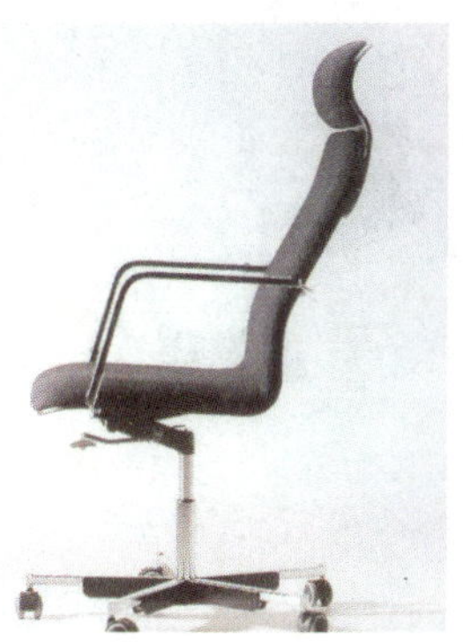
图 2-3-64 费依尔（1978 年）

图 2-3-65 托立特（1997 年）

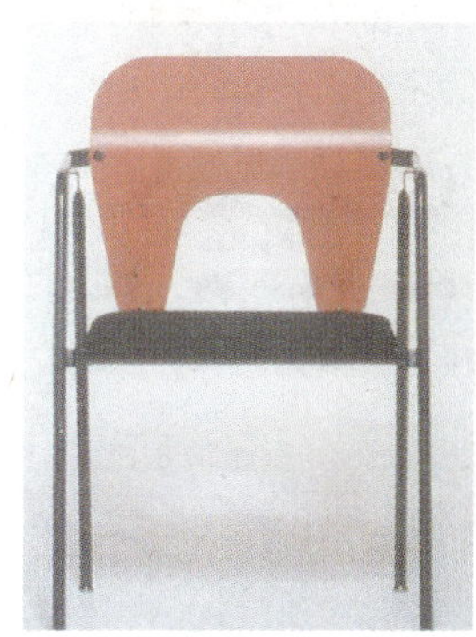
图 2-3-66 快捷（1994 年）

### 2.3.4.6 昂蒂·诺米纳米［Antti Nurmesniemi（1927— ），芬兰］

图 2-3-67 壶（1957 年）

图 2-3-68 桑拿椅

椅子的马蹄形状使它非常实用：湿漉漉的人能够在非常实用的“干燥架”上晾干自己。它的可见节点能直接地使人想到民间艺术。

昂蒂·诺米纳米是以虽多产却样样精美的设计而称雄世界的，1957 年他设计的一件茶壶是他早年最成功的作品之一，被一致公认为代表了芬兰工业设计的最新发展方向（图 2-3-67）。他的所有工业设计产品都深受大众欢迎。诺米纳米的家具设计个性非常鲜明，同他的所有工业设计及室内设计一样，简洁明快的流线形设计是他最突出的特征。为皇宫酒店设计的桑拿椅（图 2-3-68）。1967 年他以悬挂的形式展出这种单线条躺椅，而实际使用时则可以直接置于地上，这种家具最引人注目之处在构件上覆以了黑白相间的流线图案面料，从而更加强化了这种躺椅的流动感。诺米纳米以后又在这件单构件躺椅上加足，使之成为稳定的家具，并于 1978 年重新设计出一种可调节式流线形躺椅，这种躺椅成为诺米纳米又一件成功之作。1980 年同属于“流线系列”的休闲椅问世，最终完善了这一设计构思（图 2-3-69）。

图 2-3-69 轻松扶手椅（1978 年）

### 2.3.4.7 乔·科伦波［Joe Colombo（1930—1971），意大利］

意大利的现代设计被认为是“现代文艺复兴”，它所体现的文化一致性表现在包括家具设计的所有设计领域之中，其根源于意大利悠久而丰富的艺术、历史文化宝库中。随着塑料和先进成型技术的发展，乔·科伦波早年就加入了著名的“原子绘画运动”，他作为抽象表现主义画家和雕塑家表现非常活跃。他设计的家具充满着对结构和材料的探索，他最早的名作是 1963—1964 年研制的 Elda 椅（图 2-3-70）和 4801 号椅（图 2-3-71）。4801 号椅以三块层压板相互交叉而形成，这些产品都是由可折叠、组合的单元组成的，对不同的房间有不同的灵活性。1968—1970 年科伦波设计出著名的多功能套装式“管状椅”（图 2-3-72）。这件家具可以进行多方式的组合，以提供弹性极大、适用性极广的休闲姿势范围，由此反映出科伦波对现代设计的初衷——尽可能地提供多用途性能。

图 2-3-70 Elda 椅

（a） （b）

图 2-3-71 可以活动的休闲椅

科伦波遗作家具，此坐椅靠金属支架把其连接起来。可以随意地翻转，使人能用各种坐姿来使用此把椅子。达到真正的多功能。

图 2-3-72 管状椅

#### 2.3.4.8　艾托·索特萨斯 [Ettore Sottsass（1917—2007），意大利]

1981 年以意大利设计师艾托·索特萨斯为首的一批设计师在米兰结成了“孟菲斯集团”。他们认为，设计不仅要使人们生活得更舒适、快乐，而且设计还是一种反对等级制度的政治宣言，孟菲斯流派的室内设计多大胆使用各类新型材料，并以饱和度极高的色彩和富有新意的图案来改造传统，注重室内风景效果，构图上往往打破横平竖直的线条，采用波形曲线，曲面与直线、平面的组合来取得意外效果。索特萨斯是同时代设计师中最杰出的一位。1917 年，索特萨斯出生于奥地利的一个建筑师之家，曾在都灵工艺学院学习建筑，20 世纪 50 年代末开始与奥利维迪公司长期合作，为该公司设计了大量的办公机器和办公家具。从 20 世纪 60 年代后期起，他的设计从严格的功能主义转变到了更为人性化和更加色彩斑斓的设计，并强调设计的环境效应，这也反映了他敢于探索，敢于求新的精神（图 2-3-73 和图 2-3-74）。

图 2-3-73　Carition 书架

图 2-3-74　贝佛利台

#### 2.3.4.9　弗兰克·盖里 [Frank O. Gehry（1929—　），美国]

弗兰克·盖里 1929 年出生于加拿大多伦多，早年进入南加州大学建筑系学习，1954 年毕业后又去哈佛大学设计研究院进修一年。后则开始作为建筑师和规划师在世界各地做了很多建筑项目。盖里被认为是解构主义最有影响力的建筑师之一，20 世纪 80 年代盖里使用纸板作材料，设计了一套“实验边缘”的家具系列，构思极其独特（图 2-3-75）。10 年后盖里又花费了大量时间发展他最新家具系列，命名为“Powerplay”（图 2-3-76）。这款家具完全由弯曲的薄型胶合板条编织而成，显然是从民间日用编织技术上获得灵感，这款家具无需任何支撑构件，同时还能为使用者提供一定的弹性。

(a)

(b)

图 2-3-75　纸板沙发及椅子系列

[图片来源：细部大师家具]

图 2-3-76　Powerplay 椅

[图片来源：细部大师家具]

#### 2.3.4.10 盖塔诺·派西 [Gaetano Pesce (1939— ), 美国]

图 2-3-77 UP 系列坐椅
[图片来源：方海．芬兰现代家具．北京：中国建筑工业出版社，2002]

盖塔诺·派西生于意大利，早年在意大利生活，并深受意大利学派的影响。他的作品始终充满了创新的理念。20 世纪 80 年代派西来到美国，成为了美国设计师。

他的成名作是 1969 年在意大利设计的 UP 系列坐椅（图 2-3-77），该坐具采用的是当时最新研制的泡沫材料制成，极富有弹性。家具成品压缩后真空装入 PVC 包装中，消费者买回家后打开包装，他们会迅速膨胀起来。派西称这种家具为“转换家具”。

### 2.3.5 第四阶段（新生代）家具设计代表人物

新生代指的是 20 世纪 40 年代以后出生的设计师，20 世纪 60 年代以后设计的特征走向了多元化。新生代设计师在追随前辈的基础上总期望着创新，哪怕这种“创新”在某些情况下是很离奇的。另一些设计师从传统中汲取经验或是效仿自然进行家具的设计。此外，人们对生态环境的日益重视，使设计师更为关注那些以往被视为废弃物的材料，并使这种绿色设计本身成为一种新兴的文化。同时，艺术与设计的观念也趋于融合。

自 20 世纪 60 年代中期，兴起了一系列的新艺术潮流，如“波普艺术”、“欧普艺术”等，这些艺术思潮在设计界也产生了重大的影响，也出现了高技派及后现代主义。这个时代再也不允许只有某几位设计大师风靡全球了，但是其中仍不乏一些知名度颇高的设计师。如法国设计师菲利普·斯塔克，英国的汤姆·迪克森等。

#### 2.3.5.1 菲利普·斯塔克 [ Philippe Starck (1949— ), 法国 ]

菲利普·斯塔克，法国巴黎人，可以被视为一个神童，他不满 16 岁就赢得过家具设计比赛的第一名，是一个非凡的传奇人物，集流行明星、疯狂的发明家、浪漫的哲人于一身，或许算得上当今世界上最负盛名的设计师。

斯塔克的设计风格很难一言概之，若与其他经典设计师相比，他最大的特色就在于他可以同时专注在不同领域的设计上，而且是大到耗资千万的建筑设计，小至相当便宜的牙刷这样的区别。除了一些产品设计和家用品是基于大量制造的国际化设计外，斯塔克的设计作品通常是有机型、情感丰富而且使用相当独特的材质混合（例如有玻璃与石头、塑胶和铝、绒布与铬的组合）。他最知名的家具作品有 1984 年为巴黎 Costes 餐厅设计的“三足椅”（图 1-1-3），1994 年设计的 Lord Yo 椅（图 2-3-78）等。他的家具设计异常简洁，基本上将造型简化到了最单纯但又十分典雅的形态，从视觉上和材料的使用上都体现了“少就是多”的原则（图 2-3-79）。

图 2-3-78 Lord Yo 椅

图 2-3-79 “空”椅

### 2.3.5.2 汤姆·迪克森 [Tom Dixon（1959— ），英国]

图 2-3-80 汤姆·迪克森

汤姆·迪克森（图 2-3-80）1959 年生于突尼斯的斯法克斯，成长在英国伦敦，与其他著名设计师不同，他只读过半年的设计基本课程，1980 年从切尔西艺术学校辍学后，当电影动画片平面设计师和美术员勉强糊口度日。此后他反而走上音乐的道路，1981 年加入范卡波力坦乐队，司职低音电吉他手。1982 年，他和乐队录制了一张销路不错的专辑，同时当夜总会推销员和仓库派对组织人。直到发生一场车祸，才终止了他的摇滚音乐人的职业生涯。他开始学习焊接技术，利用回收的金属制作家具，供应给俱乐部，偶尔也出售给私人赞助者。1991—1992 年期间为 Cappellini 公司生产制作设计的 S 椅是他的一个代表作（图 2-3-81）。椅子主要原料是金属和藤草，也可以采用其他材料（图 2-3-82）。椅子采用焊接工艺和编制工艺制作。可用于非正式的场合、休闲随意的场合和当作餐椅使用。这个作品被 Capellini 公司批量生产，从此他的事业掀开新篇章。进入 20 世纪 90 年代后，迪克森的事业进入新的阶段，其作品减少了手工艺的痕迹但增加了雕塑感。

图 2-3-81 S 椅

图 2-3-82 金属丝系列

### 2.3.5.3 其他

除了上述设计师外，家具设计界还有一些设计师及其作品如图 2-3-83 ~ 图 2-3-89 所示。

（a）

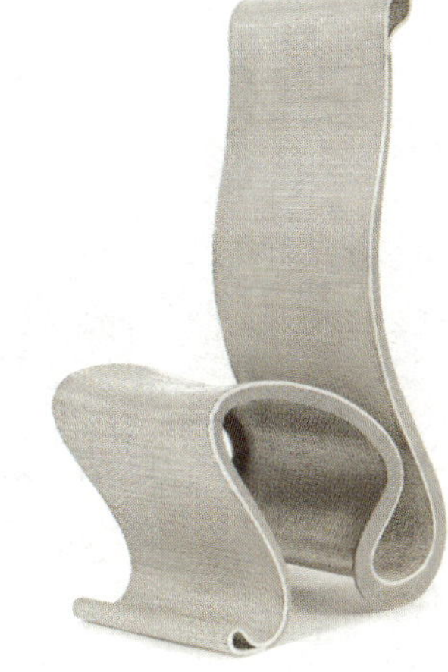

（b）

图 2-3-83 （a）茶几；（b）坐椅（设计师：阿拉特）

图 2-3-84 弹性合成弹力纤维，搪瓷钢架，皮革坐位（设计师：NO PICNIC）

图 2-3-85 BD［设计师：比昂·达尔斯特罗姆（2000 年）］

（a）

（b）

（c）

图 2-3-86 跳舞的椅子（设计师：杰哈特·普欧罗格斯特拉）

图 2-3-87 Kimono［设计师：托尔皮叶尔恩·安徒生（2001 年）］

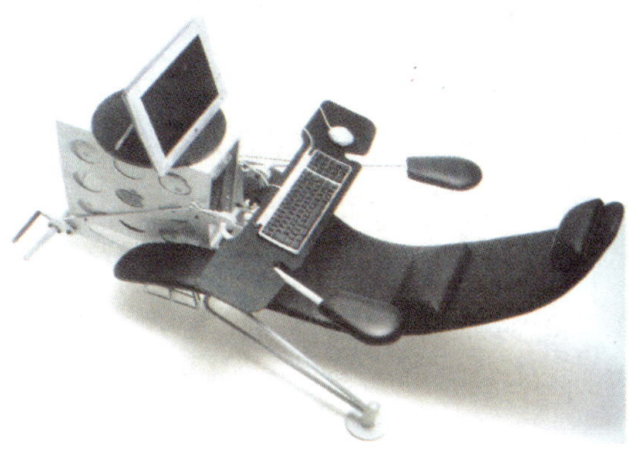

图 2-3-89 网上冲浪工作站［设计师：特波·阿斯凯涅与伊尔卡·特尔胡（1995 年）］

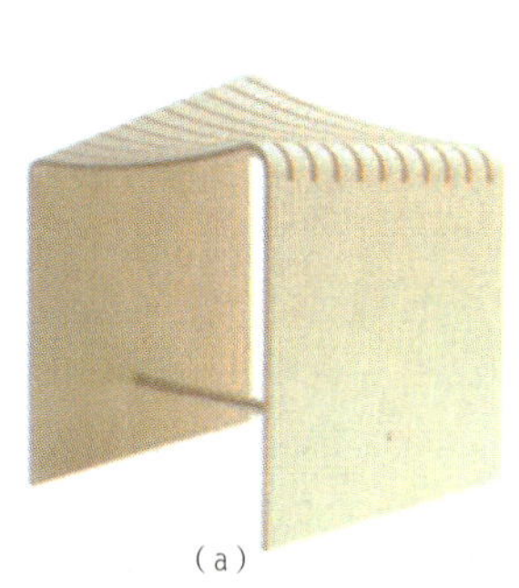

（a）

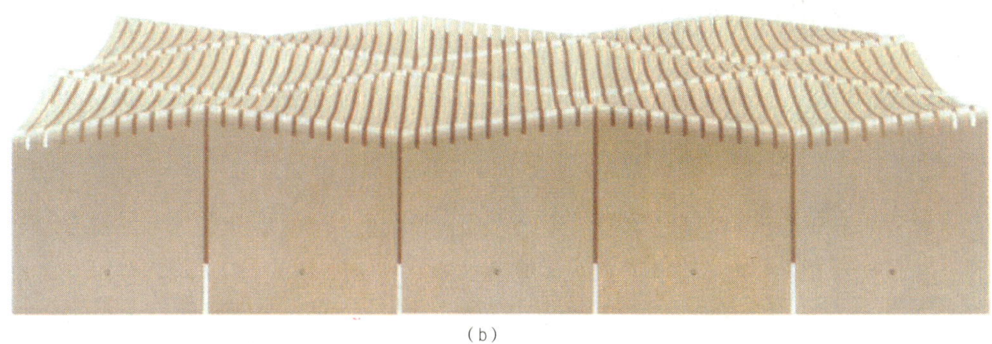

（b）

图 2-3-88 盘绕［设计师：高桥百合子（2001 年）］

## 作业与思考题

1. 外国古典家具古代、中世纪、近世纪三个阶段有哪些主要风格与流派。

2. 简述巴洛克与洛可可家具风格的造型特点。

3. 参观考察当地历史博物馆、古建筑、古民居、古园林，着重了解历代建筑与艺术风格对家具设计风格演变的影响，写出图文并茂的考察报告一篇。

4. 对中、外传统家具、现代家具进行速写、或对照书刊临摹，并掌握其特点，并将其进行分析，找出值得借鉴的地方。

5. 通过对国外现代家具大师历史经典家具的学习，查找出多位设计大师经典作品相似的地方（例如阿尼奥的“球椅”与小沙里宁“郁金香”椅等），并进行详细地分析，找出在未来家具设计中值得学习的地方。

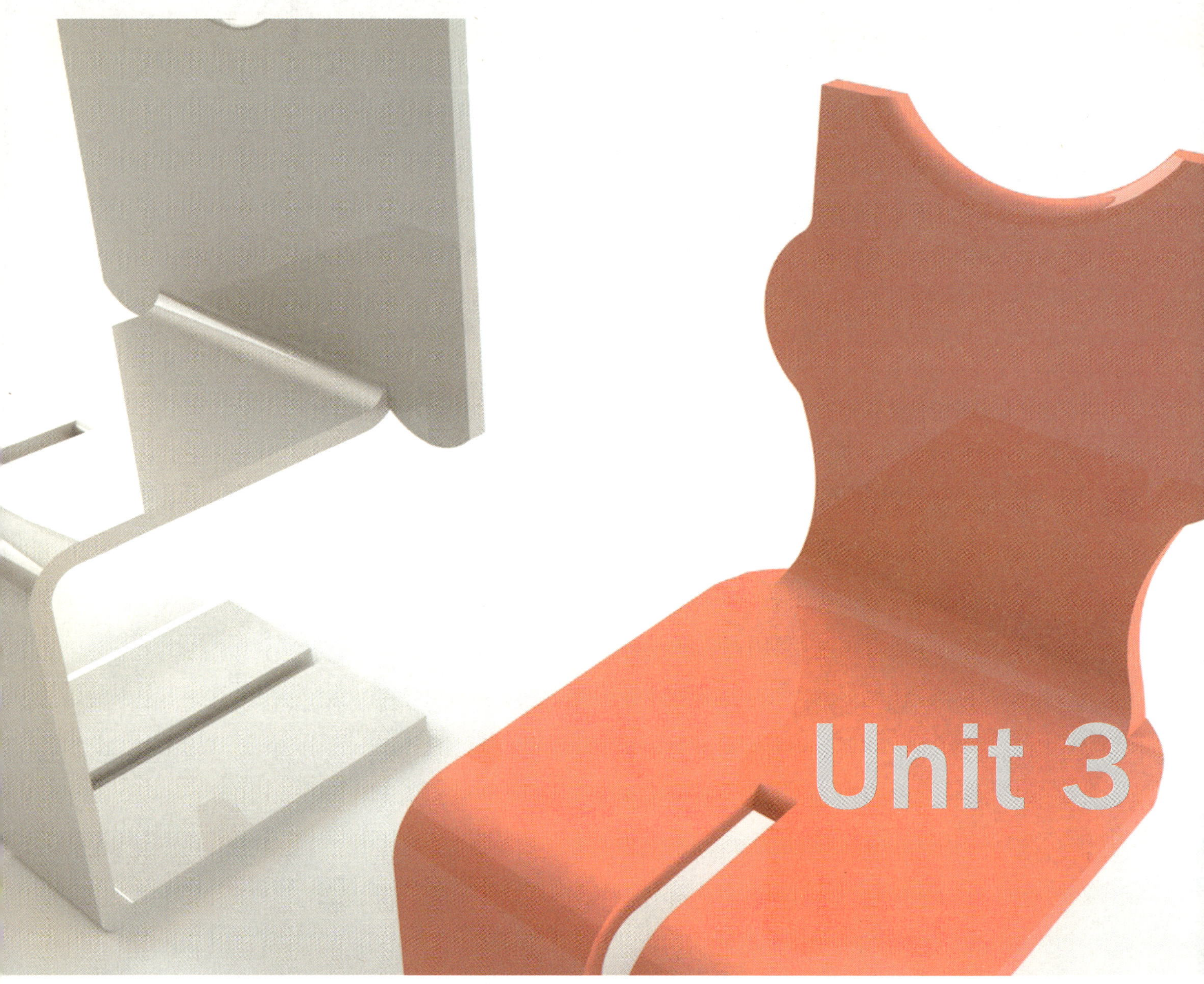


# 第3单元　家具造型设计

**学习目的**

家具不只是一种简单的功能器具，也是一种丰富的信息载体和文化形态，寄托了人们的精神追求。从家具的造型中我们可以理解出丰富的内容，例如设计者的审美态度、文化品位、生活态度等。同时家具的造型也与社会文化环境有关。当人们步入信息时代后，文化、审美、甚至是生活的方方面面都发生了改变，理解家具造型美的法则，并能用这些原理指导具体的家具设计是我们现在所必须掌握的学习任务。

**学习重点**

(1)理解家具设计造型基本概念，了解家具理性、感性、传统设计方法，运用这些原理指导具体家具设计。

(2)通过研究理解家具造型美的形式法则，拓展家具设计的创意思维。

# 3.1 家具造型设计的基本概念

家具造型设计，是家具产品研究与开发、设计与制造的首要环节。家具设计主要包含两个方面的内涵：一是外观造型设计；二是生产工艺设计。特别是现代家具是科学性与艺术性的完美统一，物质与精神的辩证统一。家具设计尤其是造型设计更多地从属于艺术设计的范畴，所以，我们必须学习和运用艺术设计的一些基本原理的形式美规律，去大胆创新、探索和想象，设计创造出新的家具造型，用新的家具样式不断开拓新的家具市场。更重要的是，用新的家具设计为人们创造更新、更加美好、更高品质、更加合理的生活方式。

家具造型设计是对家具的外观形态、材质肌理、色彩装饰、空间形体等造型要素进行综合、分析与研究，并创造性的构成新、美、奇、特而又结构功能合理的家具形象。在学习和研究上我们把它归纳为造型设计的基本概念、基本要素、形式美法则、色彩与材质等方面的内容，以下分别加以论述。

## 3.1.1 家具造型的意义

现代家具设计是工业革命后的产物，它随着科技与时代向前迅速发展，特别是随着信息时代来临，现代家具的设计早已超越单纯实用的价值，更多新的构形，更加体贴人性和蕴涵人文，更加智能化的家具的产生，使家具设计师更多地把创新的焦点集中在家具造型的概念设计上，尽量使家具的造型具有前卫性和时代感，更加注重造型的线条构成及结构，颜色的运用也更加大胆，材料的应用更多组合，造型可谓千变万化(图 3-1-1 和图 3-1-2)。

图 3-1-1 玻璃钢家具

[图片来源：创意家具设计爱好者，Topchair]

正是由于现代家具在社会环境中的迅猛发展，使现代家具设计的变化越过了过去 100 年的变化。今天，家具新产品、新风格的设计开发速度越来越快，生活观念在变化，时代在变化，科学技术在变化，现代家具的造型设计更在变化，我们只有不断创新和超越，关注家具造型设计的人文内涵，关注当代的文化背景，注重家具形态的情感表达和表征意义，将高科技技术手段与人机工程学、民族性与国际化、理性与感性、大众化与个性化等各种因素完美地结合，才能掌握现代家具造型设计的方法。

家具造型是一种在特定使用功能要求下，一种自由而富于变化的创造性造物手法，它没有一种固定的模式来包括各种可能的途径。但是根据家具的演变风格与时代的流行趋势，为了便于学习与把握家具造型设计，根据现代美学原理及传统家具风格把家具造型分为抽象理性造型、有机感性造型和传统古典造型三大类。

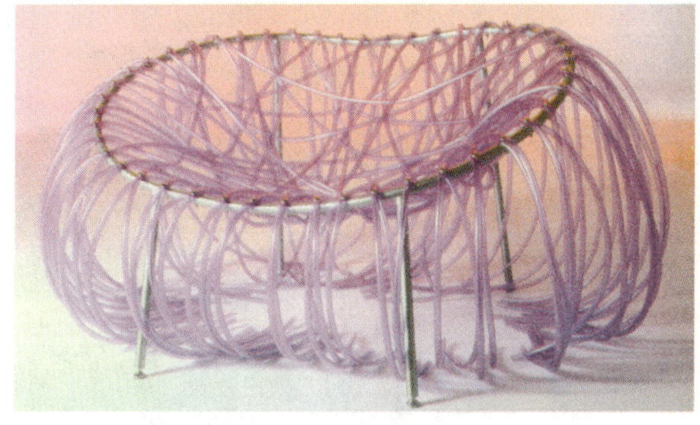

图 3-1-2 “Anemone”椅子

[图片来源：Design furniture Patricia Bueno]

图 3-1-3 抽象理性造型家具一组（一）——可隐藏的桌椅
[ 图片来源:《世界前卫家具》

### 3.1.1.1 抽象理性造型

抽象理性造型是以现代美学为出发点，采用纯粹抽象几何形态为主的家具造型构成手法。抽象理性造型手法具有简练的风格、明晰的条理、严谨的秩序和优美的比例，在结构上呈现数理的模块、部件的组合。从时代的特点来看，抽象理性造型手法是现代家具造型的主流，它不仅可以利于大工业标准化批量生产，产出经济效益具有实用价值，在视觉美感上也表现出理性的现代精神。抽象理性造型是从包豪斯时代后开始流行的国际主义风格，并发展到今天的现代家具造型手法（图 3-1-3 和图 3-1-4）。

图 3-1-4 抽象理性造型家具一组（二）
[ 图片来源:《家具》2009 年 170 期 ]
运用几何图形的改变，改变着家具沙发的功能。

图 3-1-5 纯粹以有机曲面作为编织对象
[ 图片来源：设计形态语义学 ]
就曲面而言，其内部的凹面非常吻合人的坐姿形态，满足了椅子的功能要求。

### 3.1.1.2 有机感性造型

有机感性造型是具有优美曲线的生物形态为依据，采用自由而富于感性意念的三维形体为主的家具造型设计手法。造型的创意构思是由优美的生物形态风格和现代雕塑形式汲取灵感，结合壳体结构和塑料、橡胶、热压胶合板等新兴材料应运而生的，有机感性造型涵盖着非常广泛的领域，它突破了自由曲线或直线所组成形体的狭窄单调的范围，可以超越抽象表现的范围，将抽象造型同时作为造型的媒介，运用现代造型手法和创造工艺，在满足功能的前提下，灵活地应用在现代家具造型中，具有独特生动，趣味的效果（图 3-1-5）。

### 3.1.1.3 传统古典造型

中外历代传统家具的优秀造型手法和流行风格是全世界各国家具设计的源泉。“古为今用”，“洋为中用”，通过研究、欣赏、借鉴中外历代优秀古典家具，可以清晰地了解到家具造型发展演变的文脉，从中得到新的灵感启发，为今天的家具造型设计所用。

但是，最关键问题是要在对家具的深层次的学习和研究，注入现代家具设计的成分，提炼出中国家具风格的元素，要全面借鉴学习古今中外的所有优秀家具文化的营养，最终设计创造出具有中国风格和特色的现代中国家具（图 3-1-6 ~ 图 3-1-8）。

图 3-1-6 仿明式灯挂椅
[ 图片来源：张剑（情趣的设计世界张剑产品设计作品选）]
不锈钢方管与实木板的抽插结构组合成套尽显明清灯挂椅的风范。

图 3-1-7 现代中国圈椅及茶几

图 3-1-8 图腾椅

[图片来源：约里奥·库卡波罗（芬兰当代设计）]

# 3.2 家具造型的基本要素

现代家具是一种具有物质实用功能与精神审美功能的工业产品，更重要的是，家具又是一种必须通过市场进行流通的商品，家具的实用功能与外观造型直接影响到人们的购买行为。而外观造型式样能最迅速传递美的信息，通过视觉、触觉、嗅觉等知觉要素，激发人们的愉快的情感,使人们在使用中得到美的感受与舒适的享受,从而产生购买欲望。因此，家具造型设计在现代市场竞争中成为主要重要的因素，一件好家具，应该是在造型设计的统领下，将使用功能、材料与结构完美统一的作品。

形态、色彩、肌理是造型的三个要素，在这三者中，形态是最核心的问题，色彩和肌理是依附于形态而产生的。以下将主要探讨与形态相关的问题。

在我们居住的生活环境中，除了天空、大地、树木等自然景观形态外，目之所及全是人工制造的形态：建筑、家具、道路、桥梁、车辆、电器等，我们每日每时都在亲身体验这个由人类“设计”制造出来的物质世界，整个物质世界是如何演变成今天的形态的呢？为何某个家具的形态是这个样子而不是另一种样式？同样功能的家具在不同的文化背景中有不同的造型形态，就像欧洲的巴洛克与洛可可家具与中国明式家具的形态有着截然不同的造型形态一样，所以在进行家具设计时必须很好地了解形态的概念，所谓“形”就是人们所能感受到的物体的样子，“形态就是型的模样”。

造型形态的基本分类如图 3-2-1 所示。

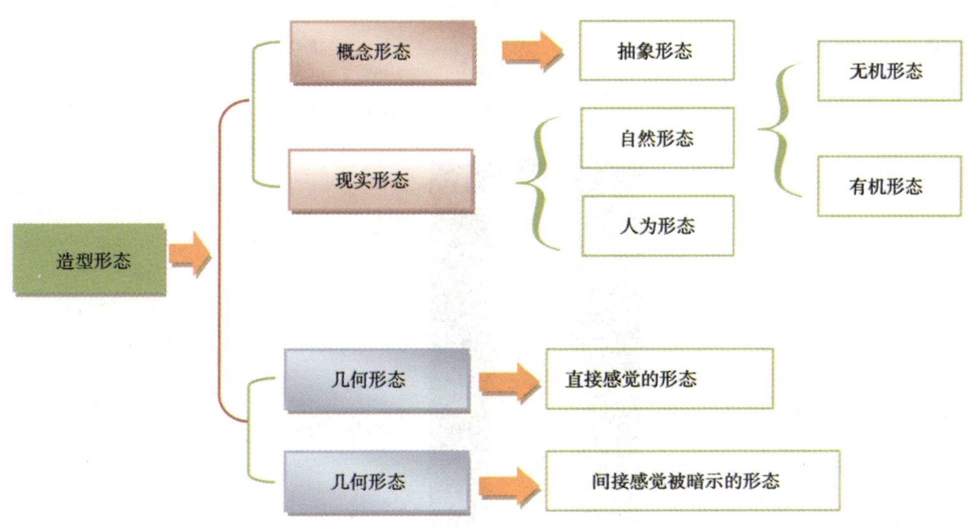


图 3-2-1 造型形态的基本分类

形态总的来说，最为重要的是现实形态和概念形态。前者是人们可以直接知觉的，看得见也摸得着的。如各种产品实物、动植物、自然山水等，也称为具象形态。后者是人们不能直接知觉的，只存在于人们的观念之中，必须依靠人们的思想才能被感知，也称为抽象形态或纯粹形态。由于观念形态是抽象的、非现实的，因此常常以形象化的图形或符号来表示它，例如我们所用的几何图形、文字等。要设计出完美的家具造型形象，这就需要我们了解和掌握一些造型的基本要素、构成方法，它包括点、线、面、体、色彩、材质、肌理与装饰等基本要素，并按照一定的形式美法则去构成美的家具造型形象，下面把家具造型设计的基本要素结合在家具造型设计中的具体应用分别加以论述。

图 3-2-2 抽屉柜

[图片来源：格斯塔·斯蒂克利（20 世纪家具）]

在延展至框架和支架的垂直线条当中，突出的点状把手和逐渐变化的抽屉尺寸就是这件家具的独特之处。

## 3.2.1 点

点是形态构成中最基本的构成单位。点不仅具备一定的形态，同时也具有一定的体积，即体量。相对越小的点，点的感觉越强；而即使是不大的点，但如果排列得当，形成一定的“场”，它也会具有强烈的空间和力量感，因此在具体设计中，就要深入体现出它的独特魅力。

在家具造型中点应用非常广泛，它不仅是功能结构的需要，而且也是装饰构成的一部分。如柜门，抽屉上的拉手、门把手（图 3-2-2）、锁形（图 3-2-3），软体家具上的包扣与泡钉（图 3-2-4），以及家具的装饰配件等（图 3-2-5），相对于整体家具而言，它们都以点的形态特征呈现，是家具造型设计中常用的功能性附件。在家具造型设计中，可以借助于“点”的各种表现特征，加以适当地运用，能取得很好的效果（图 3-2-6）。

图 3-2-3 公主魔柜

[图片来源：克罗曼·莫塞尔（20 世纪家具）维也纳]

设计约 1900 年，门在关闭时可以看到六滴不对称的玻璃水滴。以点状出现的金属锁盘上是风格突出的鱼和水泡，仍为水的主题。柜身由三角面组成，下面是三个板块式安有羊驼毛的金属柜脚。

图 3-2-4 屏风，空气墙

[图片来源：《2001 年国际设计年鉴》(Boum 设计公司，美国)]

软体家具上的包扣以点状方式分布。运用树脂玻璃、乙烯基树脂，橡皮带材料。9 个垫子高 203cm 长 182.8cm 深 25.4cm。

图 3-2-5 Group Kombinat 休闲椅

[图片来源：《2001 年国际设计年鉴》(Sdb 工业公司 荷兰)]

以小体块和面片作为构成元素，黑色具有量感的点块面整齐地沿着金属曲面排列。从功能上讲，弹性的点体块能够满足人舒适的坐姿，提供柔软的界面，又能够通过点体块间的缝隙提供透气的可能性。

图 3-2-6 Fabrice Berreux 灯柱

[图片来源：设计形态语义学艺术形态语义]

瓦特柱，上漆金属底座，灯泡为 9X25W；高：190cm，直径：28cm，底座：30cm×30cm。

## 3.2.2 线

在几何学的定义里，线是点移动的轨迹。它决定了形体的方向性。并根据粗细、形态的不同，呈现出或重或轻的视觉效果。从线形上它一般分为直线与曲线。相对而言，线的情感各不相同，直线一般具有刚性、硬朗的气质；而曲线则较为柔和，更富动感。另外，不同的线型也可呈现出不同的速度感。以下将具体分析各种直线和曲线线形。

### 3.2.2.1 直线线形

（1）垂直线——具有上升、严肃、高耸、端正及支持感，在家具设计中着力强调的垂直线条，似乎能产生进取、庄重、超越感（图 3-2-7）。

（2）水平线——具有左右扩展、开阔、平静、安定感。因此可以说水平线为一切造型的基础线，在家具造型和利用水平线划分立面，并强调家具与大地之间的关系（图 3-2-8）。

（3）斜线——具有散射、突破、活动、变化及不安定感。在家具设计中应合理使用，起到静中有动，变化而又统一的效果（图 3-2-9）。

图 3-2-7 坐椅

［图片来源：设计形态语义学艺术形态语义］

以线作为构成元素，轻盈而纤细的金属线材重复排列其间。从功能上讲，众多排列的线条能够提供良好的支撑功能，同时又保持人使用时椅面很好的透气性。从形式上讲，产品正面以密集的线段排列，而侧面则显出很多空白之处，让作品在整体上层次拉得很开，疏密关系很清晰，充满现代意味。

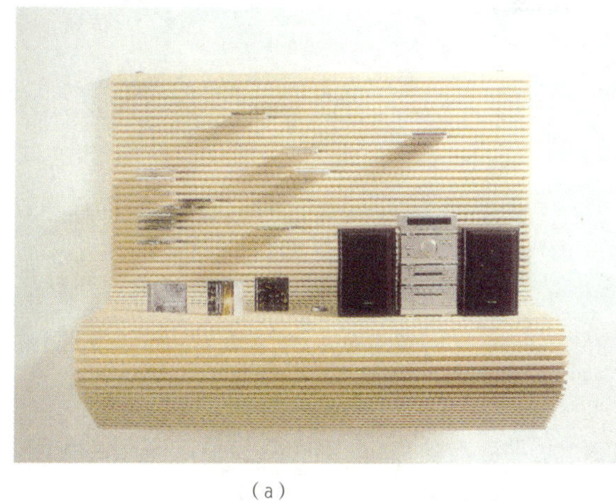

（a） （b）

图 3-2-8 曲折 CD 架

［图片来源：《2001 年国际设计年鉴》］

木、钢材料，高：100cm，宽：150cm，深：50cm。

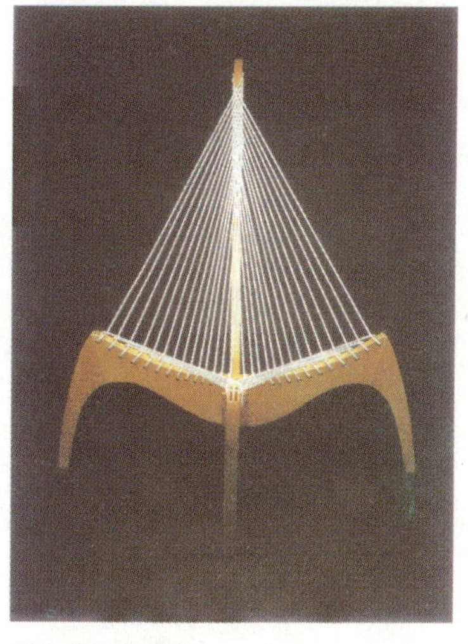

图 3-2-9 竖琴椅

［图片来源：乔根·霍夫尔斯科夫（20 世纪家具）丹麦］

竖琴椅所有织线呈斜线状逐渐向顶端汇拢，创造出极强的光学效果，并巧妙地运用了透视效果。

### 3.2.2.2 曲线线形

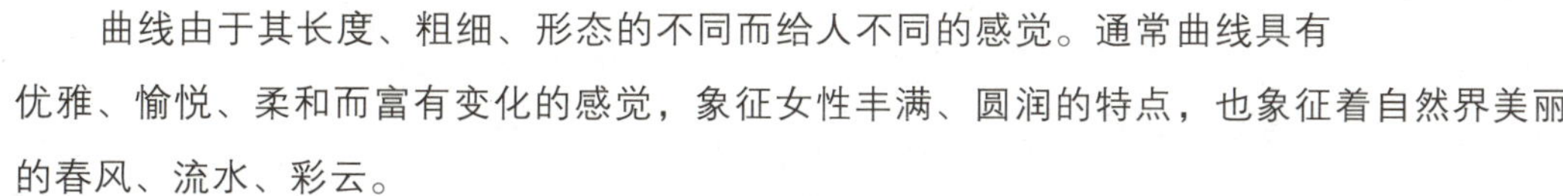

曲线由于其长度、粗细、形态的不同而给人不同的感觉。通常曲线具有优雅、愉悦、柔和而富有变化的感觉，象征女性丰满、圆润的特点，也象征着自然界美丽的春风、流水、彩云。

（1）几何曲线——给人以理智、明快之感（图 3-2-10）。

（2）弧线——圆弧线有充实饱满之感，而椭圆体还有柔软之感（图 3-2-11）。

（3）抛物线——有流线形的速度之感（图 3-2-12）。

（4）双曲线——有对称美的平衡的流动感（图 3-2-13）。

（5）螺旋曲线——有等差和等比两种，最富于美感和趣味的曲线。并具有渐变的韵律感。大自然中最美的天工造化之物鹦鹉螺就是由渐变的螺旋曲线与涡形曲线结合构造的（图 3-2-14）。

（6）自由曲线——有奔放、自由、丰富、华丽之感（图 3-2-15）。

图 3-2-10 运用三角形、矩形曲线设计的椅子

[ 图片来源：young european desigers]

图 3-2-11 弧线家具造型吊床

[ 图片来源：《世界前卫家具》]

图 3-2-12 "奇特"流线形复合板玻璃茶几

[ 图片来源：卡尔罗·莫里诺（20 世纪家具）意大利 ]

其流畅的波状起伏线和不对称的孔洞全方位吸引了大家的注意力。像随时都会伸直的弹簧一般的张力被两片铜扣件固定的平置玻璃板钳制住。

图 3-2-13 "巴蒂·迪夫萨"扶手椅

[ 图片来源：威廉·萨瓦亚（20 世纪家具）丹麦 ]

夹合板里面采用了桃花心木。而双曲线的扶手变成了椅子腿，这把椅子不需要任何装饰，其造型本身就体现了一切。

图 3-2-14 螺旋曲线钻椅

[ 图片来源：《世界发明》2008 年 8 月总第 321 期 ]

图 3-2-15 雕塑椅

[ 图片来源：《世界发明》2008 年 1 月总第 314 期 ]

这种名为 RD4 的椅子有着独特的、雕塑般的自由线形的外形。设计师将家用塑料垃圾溶化后直接挤到模具上。

## 3.2.3 面

面是点的扩大，线的移动而形成的，它也是点、线与体之间转化的重要桥梁。虽然面比线明确，却比体弱。面可以有多种不同的形式，或几何或有机，或直面或曲面。不同的面情感也各不相同。

面可分为平面与曲面两类，平面有垂直面、水平面与斜面；曲面有几何曲面与自由曲面。

正方形、正三角形、圆形具有简洁、明确、秩序的美感，较多地形成挺拔感、轻薄感、轻快感；多面形是一种不确定的平面形，边越多越接近曲面，曲面形具有温和、柔软、亲切和动感、软体家具，壳体家具多用曲面线。除了形状外，在家具中的面的形状还具有材质、肌理颜色的特性，在视觉、触觉上产生不同的感觉以及声学上的特性。

面是家具造型设计中的重要构成因素，所有的人造板材都是面的形态，有了面家具才具有实用的功能并构成形体。在家具造型设计中，我们可以灵活恰当运用各种不同形状的面不同方向的面的组合，以构成不同风格，不同样式的丰富多彩的家具造型（图 3-2-16 ~ 图 3-2-19）。

图 3-2-16 椅子

[ 图片来源：《世界前卫家具》]

图 3-2-17 柜子

[ 图片来源：young designers americas]

图 3-2-18 整体组合家具

[图片来源:《世界前卫家具》]

图 3-2-19 壳体形态坐椅

[图片来源：设计形态语义学]

以壳体作为基本骨架，形态完整而大气。从结构上讲，壳体较能承受压力的特点，很好地满足了产品的功能。从形式上讲，产品用年轻时尚的线条与色彩对曲面作分割，这些分割不仅按照椅子使用区域作划分，而且一层层的曲面极大地增强了壳体曲面的张力，充满力量。

## 3.2.4 体

按几何学定义，体是面移动的轨迹，在造型设计中，体是由面围合起来所构成的三维空间（具有高度、深度及宽度）。

“体”有几何形体和非几何体两大类。

（1）几何体。几何体包括正方体、长方体、圆柱体、圆锥体、三梭锥体、球形等形态。

（2）非几何体。非几何体一般指一切不规则的形体。

在家具造型设计中，正方体和长方体是用得最广的形态，如桌、椅、凳、柜等。 在家具形体造型中有实体和虚体之分，实体和虚体给从心理上的感受是不同的。虚体（由面状形线材所围合的虚空间）使人感到通透、轻快、空灵而具透明感，而实体（由体块直接构成实空间）给以重量、稳固、封固、封闭、围合性强的感受。在家具设计中要充分注意体块的虚、实处理给造型设计带来的丰富变化。同时在家具造型中多为各种不同形状的立体组合构成的复合型体，在家具立体造型中凹凸、虚实、光影、开合等手法的综合应用犹如画家手中的七彩笔一样，可以搭配出千变万化的魔法一样的家具造型。体是设计、塑造家具造型最基本的手法，在设计中掌握和运用立体形态的基本要素，同时结合不同的材质肌理、色彩，以确定表现家具造型是非常重要的设计基本功（图 3-2-20 和图 3-2-21）。

图 3-2-20 虚体书柜

[图片来源:《世界前卫家具》]

图 3-2-21 实体椅子

[图片来源:《世界前卫家具》]

## 3.3 家具造型的形式美法则

在现代社会中，家具已经成为艺术与技术结合的产物，家具与纯造型艺术的界线正在模糊，建筑、绘画、雕塑、室内设计和家具设计等艺术与设计的各个领域在美感的追求和美的物化等方面并无根本的不同，而且在形式美的构成要素上有着一系列通用的法则，这是人类在长期的生产与艺术实践中，从自然美和艺术美概括提炼出来的艺术处理并适用于所有艺术创作手法，要设计创造出一件美的家具，就必须掌握艺术造型的形式美法则，而且家具造型设计的形式美法则是在几千年的家具发展历史中由无数前人和大师在长期的设计实践中总结出来的，并在家具造型的美感中起着主导的作用。家具造型的形式美法则和其他造型艺术一样，具有民族性，地域性、社会性，同时家具造型又有它自己鲜明的个性特点，同时又受到功能、材料、结构、工艺等因素的制约，每个设计师都要按照自己的体验、感受去灵活、创造性的应用。

家具造型设计的形式美法则有：统一与变化、对称与平衡、比例与尺度、节奏与韵律、模拟与仿生等。

### 3.3.1 统一与变化

统一与变化是适用于各种艺术创作的一个普遍法则，同时也是自然界客观存在的一个普遍规律。在自然界中，一切事物都有统一与变化的规律，宇宙中的星系与轨道，树的枝干与果叶，一切都是条理分明，井然有序的。此时自然界中的统一与变化的本质，反映在人的大脑中，就会形成美的观念，并支配着人类的一切造物活动。

统一与变化是矛盾的两个方面，它们既相互排斥又相互依存。 统一是在家具实例设计中整体和谐、条理，形成主要基调与风格。变化是在整体造型元素中寻找差异性，使家具造型更加生动、鲜明、富有趣味手法。统一是前提，变化是在统一中求变化。

#### 3.3.1.1 统一

在家具造型设计中，主要运用线的协调，形的协调、色彩的协调、用家具中次要部位对主要部位的从属来烘托主要部分，突出主体形成统一感，在必要和可能的条件下，可运用相同或相似的线条、构件在造型中重复出现，以取得整体的联系和呼应等手法来达到统一的效果。

#### 3.3.1.2 变化

变化是在不破坏统一的基础上，强调家具造型中部分的差异，求得造型的丰富多变。

家具在空间、形状、线条、色彩、材质等各方面都存在差异，在造型设计中，恰当地利用这些差异，就能在整体风格的统一中求变化，变化是家具造型设计中的重要法则之一，变化在家具造型设计中的具体应用主要体现在对比方面，几乎所有的造型要素都存在着对比因素。如：

线条——长与短、曲与直、粗与细、横与竖。

形状——大与小、方与圆、宽与窄、凹与凸。

色彩——冷与暖、明与暗、灰与纯。

肌理——光滑与粗糙、透明与不透明、软与硬。

形体——开与闭、疏与密、虚与实、大与小、轻与重。

方向——高与低、垂直与水平、垂直与倾斜。

一个好的家具造型设计，处处都会体现造型上的对比与和谐的手法，在具体设计中，许多要素是组合在一起综合应用的，以取得完美的造型效果（图 3-3-1 和图 3-3-2）。

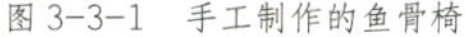

图 3-3-1 手工制作的鱼骨椅

[图片来源：创意家具设计爱好者，Topchair]

这款椅子是最纯粹的生态设计，它没有使用胶水或螺丝，而是给人们以最友好的形式，它完全是由木头做成。造型统一中有变化，构造重复中有区别。

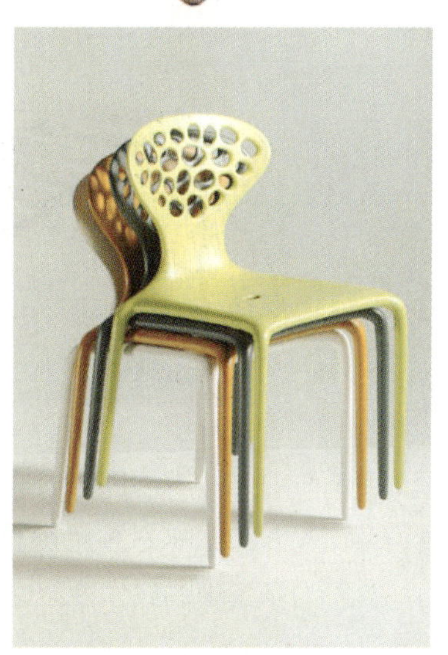

图 3-3-2 超自然椅

[图片来源：创意家具设计爱好者，Topchair]

结合了人体解剖美学和先进制造技术，用两层的玻璃纤维增强的PM聚胺来调和内部结构框架和外表美学要求。一共两个版本，穿孔的当阳光照射过的时候，光影效果增强了环境的空间美感，每个小孔都经过设计，大小在同一中有变化。

## 3.3.2 对称与平衡

对称与平衡是自然现象的美学原则。人体、动物、植物形态，都呈现这一对称与平衡的原则，家具的造型也必须遵循这一原则，以适应人们视觉心理的需求。对称与平衡的形式美法则是动力与重心两者矛盾的统一所产生的形态，对称与平衡的形式美，通常是以等形等量或等量不等形的状态，依中轴或依支点出现的形式。对称具有端庄、严肃、稳定、统一的效果；平衡具有生动、活泼变化的效果。

早在人类文化发展的初期，人类在造物的过程中，就具有对称的概念，并按照对称的法则创造建筑、家具、工具等。先民们在造物过程中对对称的应用，不仅是实用功能的要求，也是人类对美的要求。

在家具造型上最普通的手法就是以对称的形式排列形体，对称的形式很多，在家具造型常用的有以下几类。

#### 3.3.2.1 镜面

镜面是最简单的对称形式，它是基于几何图形两半相互反照的对称。同形、同量、同色的绝对对称。( 图 3-3-3 )。

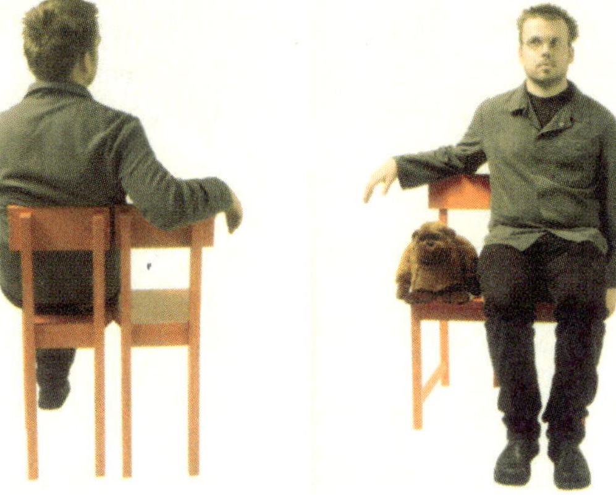

图 3-3-3 椅子镜面对称

[ 图 片 来 源：young european desigers]

#### 3.3.2.2 相对对称

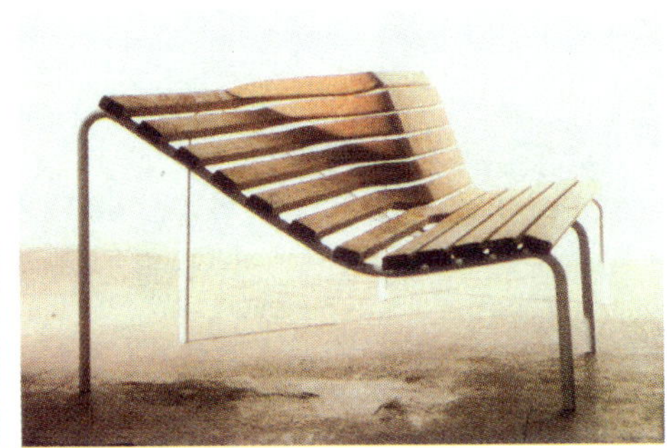

相对对称是指以对称轴线两侧物体外形，尺寸相同，但内部分割，色彩，材质肌理有所不同。相对对称有时没有明显的对称轴线 ( 图 3-3-4 )。

图 3-3-4 椅子相对对称

[ 图片来源：2001 年国际设计年鉴 ]

#### 3.3.2.3 轴对称

轴对称是围绕相应的对称轴用旋转图形的方法取得。它可以是 3 条、4 条、5 条、6 条中轴线作多面均齐式对称，在活动转轴家具中多用这种方法 ( 图 3-3-5 )。

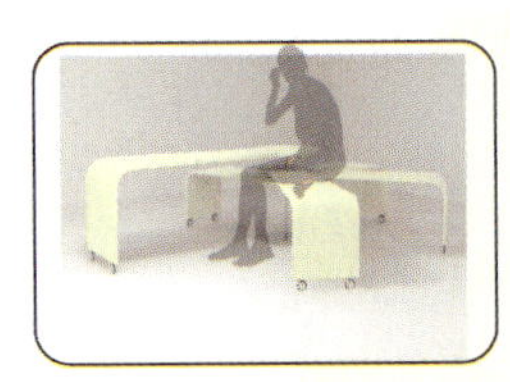

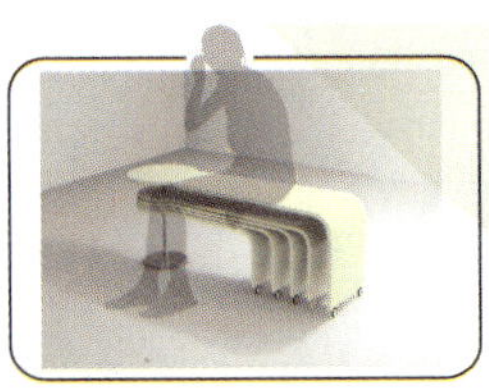

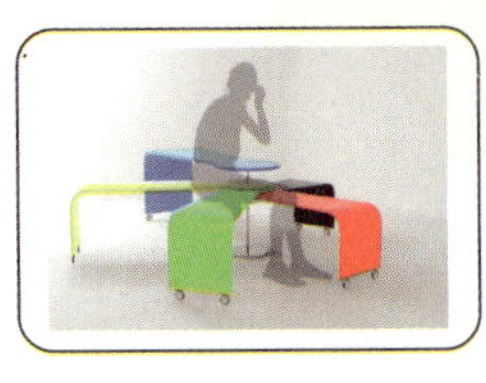

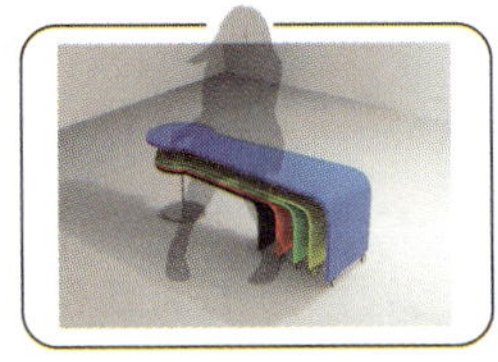

图 3-3-5 转动坐椅 ( 设计：杨艳 )

[ 图片来源：武汉工程大学 2005 级学生作品，该作品获得 2008 年度 "圣奥杯" 家具比赛入围奖 ]

以 "风车" 为创意点。以造型设计中轴对称为设计方式，灵活的转动坐椅可满足不同环境人群的需求，可以作为公共场所的小品家具，还可以作为展示家具。椅子转动的不同状态，提供不同状态的坐姿和趣味性，适合不同的年龄阶层。此坐椅合并，有效节省空间。

由于家具的功能多样，在造型上无法全都用对称的手法来表现，所以，平衡也是家具造型的常用手法。平衡是指造型中心轴的两侧形式在外形、尺寸不同，但它们在视觉和心理上感觉平衡，最典型的平衡造型就是衡器称的杠杆重心平衡原理那样。在家具造型中，我们采用平衡的设计手法，使家具造型具更多的可变性与灵活性，同时，需要注意的是除了家具本身形体的平衡外，由于家具是在特定的建筑环境空间中，家具与电器、灯具、书画、绿化、陈设的配置，也是取得整体视觉平衡效果的重要手法。

## 3.3.3 节奏与韵律

节奏与韵律也是自然事物的自然现象和美的规律。法国著名美学家德卢西奥·迈耶在他所著的《视觉美学》一书中说到："艺术中节奏是一些形式因素的组合，例如，在建筑、绘画、雕塑、在工业设计中，便是基本单元的排列。节奏也可以是一种材料的积聚和复合使用，以产生某种不完全是装饰性的有节奏的运动。"节奏与韵律、是人们在艺术创作实践中被广泛应用的形式美法则。韵律与旋律和声一起构成音乐上的三大要素。同样，节奏韵律也是构成家具造型的主要形式美法则。

节奏美是条理性，重复性、连续性的艺术形式再现；韵律美则是一种有起伏，渐变、交错的有变化有组织的节奏。它们之间的关系是：节奏是韵律的条件，韵律是节奏的深化。

韵律的形式有连续韵律、渐变韵律、起伏韵律和交错韵律。

### 3.3.3.1 连续韵律

连续韵律是由一个或几个单位，按一定距离连续重复排列而生。在家具设计中可以利用构件的排列取得连续的韵律感。如椅子的靠背，橱柜的拉手，家具的格栅等( 图3-3-6 ~ 图3-3-8 )。

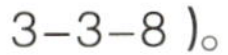

图 3-3-6 连续韵律 CD 架 [ 图片来源 young designers americas]

图 3-3-7 连续韵律的箭头书架

[ 图片来源：创意家具设计爱好者，Topchair]

图 3-3-8 连续韵律的书架

[ 图片来源：1000new eco designs and where to find them]

### 3.3.3.2 渐变韵律

在连续重复排列中，对该元素的形态作有规则的逐渐增长或减少，这样就产生渐变韵律，如在家具造型设计中常见的成组套几或有渐变序列的橱柜 ( 图 3-3-9 和图 3-3-10 )。

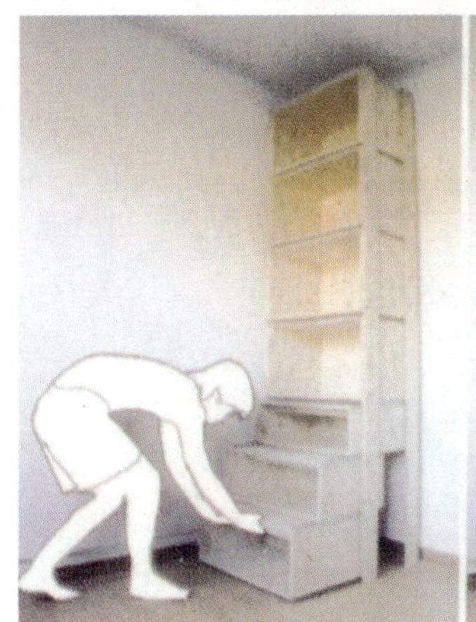

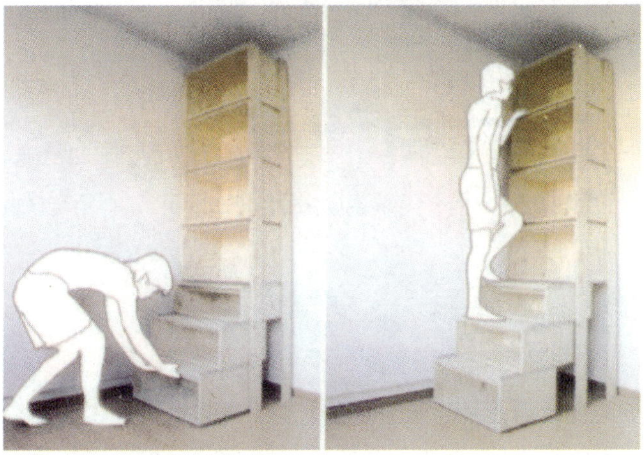

图 3-3-9 阶梯储物箱，渐变的韵律

[ 图片来源：《世界发明》2008 年 10 月总第 323 期 ]

这款阶梯储物架将下面的三个储物格设计成了可拉伸式的，可以像抽屉一样随意抽拉。

图 3-3-10 灯，渐变的韵律

[ 图片来源：miean design week 2007]

#### 3.3.3.3 起伏韵律

将渐变的韵律加以高低起伏的重复，则形成有波浪式起伏的韵律，产生较强的节奏感。在家具造型中，壳体家具的有机造型起伏变化，高低错列的家具排列，家具中的车木构件，热压胶板的起伏造型都是起伏韵律手法的应用（图 3-3-11 和图 3-3-12）。

图 3-3-11 钉子坐面的椅子 起伏韵律
[图片来源：young designers americas]

图 3-3-12 起伏韵律茶几
[图片来源：isaloni Milan Design Week 2008]

#### 3.3.3.4 交错韵律

各组成部分连续重复的元素按一定规律相互穿插或交错排列所产生的一种韵律。在家具造型中，中国传统家具的博古架，竹藤家具中的编织花纹及木纹拼花，地板排列等，都是交错韵律体现在现代家具中，由于标准部件化生产，系列化组合的工艺，这种单元构件有规律地重复、循环和连续的应用，都成为现代家具节奏与韵律美的体现（图 3-3-13 和图 3-3-14）。

图 3-3-13 Scape 内充式变形沙发
[图片来源：《艺术与设计》2008 年 12 期]
只要移动这些柱子，就可以任意改变沙发的形状。这样的坐位可以坐 4 个人，也可以同时承受 50 个人；可以放在很大的空间里，特适合比较私密的聚会。

图 3-3-14 交错韵律展示架
[图片来源：1000new eco designs and where to find them]

总之，节奏与韵律的共性是重复与变化，通过起伏重复、渐变重复可以进一步强化韵律美，丰富家具造型；而连续重复和交错重复则强调彼此呼应，加强统一效果。

## 3.3.4　比例与尺度

比例与尺度是与数学相关的构成物体完美和谐的数理美感的规律。所有造型艺术都有二维或三维的比例与尺度的度量，按度量的大小，构成物体的大小和美与不美的形状。我们将家具各方向度量之间的关系及家具的局部与整体之间形式美的关系称之为比例；家具造型设计时，根据家具与人体尺度，家具与建筑空间尺度，家具整体与部件，家具部件与部件等所形成的特定的尺寸关系称之为尺度。所以，良好的比例与正确的尺度是家具造型形式上完美和谐的基本条件。

### 3.3.4.1　比例

家具造型的比例包含两方面的内容：一是家具与家具之间的比例，它需要注意到建筑空间中家具的整体比例的长、宽、高之间尺寸关系，体现出整体协调高低参差，错落有序的视觉效果；二是家具整体与局部，局部与部件的比例，它需要注意到家具本身的比例关系和彼此之间的尺寸关系。比例匀称的造型，能产生优美的视觉效果与完善功能的统一，是家具形式美的关键因素之一。

### 3.3.4.2　尺度

尺度是指尺寸与度量的关系，与比例密不可分。在造型设计中，单纯的形式本身不存在尺度，整体的结构纯几何形状也不能体现尺度单位，只有在导入某种尺度单位或在与其他因素发生关系的情况下，才能产生尺度的感觉。因此家具的尺度必须引入可比较的度量单位或者与所陈设的空间并与其他物体发生关系时才能明确其尺度概念。最好的度量单位是人体尺度，因为家具是以人为本，为人所用，其尺度必须以人体尺度为准。

除了人体尺度外，建筑环境与家具的关系也是家具尺度感的因素之一，要从整体上全面认识与分析人与家具、家具与建筑、家具与环境之间的整体和谐的比例关系。在造型设计中，创造性地、辩证地解决好比例与尺度的关系，既满足功能的要求，又符合美学法则，要有所创新和突破。

## 3.3.5　模拟与仿生

大自然永远是设计师取之不尽，用之不竭的设计创造源泉。从艺术的起源来看，人类早期的艺术造型活动都来源于对自然形态的模仿和提炼。大自然中任何一种动物、植物，无论造型、结构，还是色彩，纹理，都呈现出一种天然、和谐的美，大自然的创造力及生命力令人叹为观止，几乎在所有的设计中，大自然都赋予了人类最强有力的信息。所以，现代家具造型设计在遵循人体工学原则的前提下，运用模拟与仿生的手法，借助于自然界的某种形体或生物、动物、植物的某些原理和特征，结合家具的具体造型与功能，创造性的设计与提炼，使家具造型样式体现出一定的情感与趣味，更加具有生动的形象与鲜明的个性特征，特别是给人在观赏与使用中产生美好的联想与情感的共鸣。

现代仿生学的介入为现代设计开拓了新的思路，通过仿生设计去研究自然界生物系统的优异功能、美好形态、独特结构、色彩肌理等特征，有选择地运用这些特征原理，设计制造出美的产品。在建筑与家具设计上，许多现代经典设计都是仿生设计。

#### 3.3.5.1 模拟

模拟是较为直接地模仿自然形象来进行家具的造型设计手法，是一种比喻和比拟事物意象之间的折射、寄寓、暗示与模仿，并与一定自然形态的美好形象联想有关。在家具造型设计中，常见的模拟与联想的造型手法有以下三种。

（1）局部造型的模拟，主要出现在家具造型的某些功能构件上，如脚架，扶手、靠板等（图 3-3-15 ～图 3-3-17）。

图 3-3-15 模拟树的造型衣架

［图片来源：世界前卫家具］

图 3-3-16 仙人掌椅子

［图片来源：创意家具设计爱好者 Topchair］

图 3-3-17 月亮床垫婴儿床

［图片来源：1000new eco designs and where to find them］

（2）整体造型的模拟，把家具的外形模拟塑造为某一自然形象，有写实模拟和抽象模拟的手法，或介于两者之间。一般来说由于受到家具功能、材料、工艺的制约，抽象模拟是主要手法，抽象模拟重神似，不求形似，耐人寻味与联想（图 3-3-18 ～图 3-3-20）。

(a)

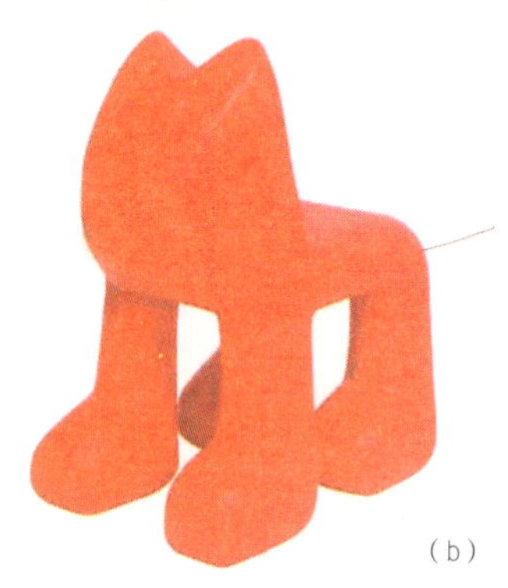

(b)

图 3-3-18 自然动物的模拟

［图片来源：世界前卫家具］

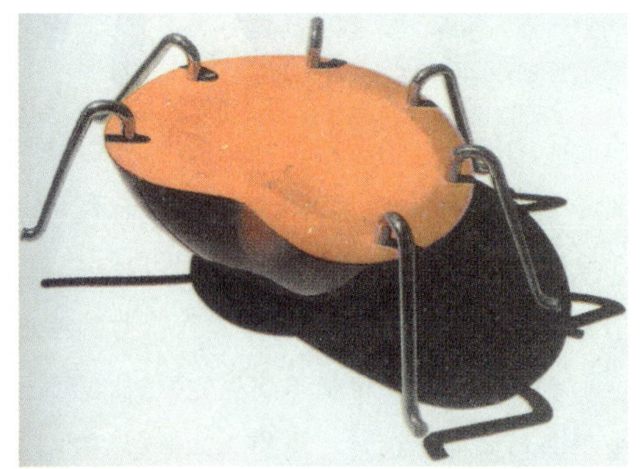

图 3-3-19 瓢虫椅

［图片来源：为坐而设计］

把“不倒翁”摇晃不定的原理，赋予了一张形似瓢虫的坐具，使用者坐在上面可享受到随意旋转和摇摆晃动的乐趣。

图 3-3-20 儿童纸椅，小画家专用椅

［图片来源：创意家具设计爱好者，Topchair］

500m 的纸足以培养一个小画家，如果有两个孩子，那刚好两个小画家，大的坐高的一边，小的坐矮的一边。

（3）在家具的表面装饰图案中自然形象作装饰。这种形式多用于娱乐家具和儿童家具（图 3-3-21 ～图 3-3-23）。

图 3-3-21 运用字符模拟制作的时尚字符躺椅

[图片来源：创意家具设计爱好者，Topchair]

这款休闲躺椅最大的亮点就是它的坐位是被做成字符状。看起来这些字符可以按要求生产，也就是说，你可以把你想要表达的东西，做成一张椅子，这张椅子就是你专属的椅子了。

图 3-3-22 字母表抽屉

[图片来源：创意家具设计爱好者，Topchair]

这款字母表抽屉的设计灵感来源于印刷机上的字母模块，其中每一个字母都对应着一个抽屉，可以考虑利用抽屉上的字母对收纳物进行分类。

图 3-3-23 运用表面装饰图案制作的衣柜

[图片来源：1000new eco designs and where to find them]

### 3.3.5.2 仿生

仿生学是一门边缘学科，是生命科学与工程技术科学互相渗透，彼此结合的一门新兴学科。而仿生学的设计是从生物学的现存形态受到启发，在原理方面进行深入研究，然后在理解的基础上进行联想，并应用产品设计的结构与形态，这是一种人类社会与大自然相谐调、相吻合的设计理论的设计方法，开创了现代设计的新领域。例如，壳体家具、壳体建筑就是设计师应用龟壳、贝壳、蛋壳的原理的现代制造技术，现代材料工艺的新设计，20 世纪 60 年代来，设计制造了许多造型奇特、形式多样的壳体家具和建筑。现代层压板家具、玻璃钢成型家具、塑料压模家具都是仿生壳体结构在现代家具上广泛应用。

(a)

(b)

图 3-3-24 仿生造型现代办公设备

模拟与仿生的造型手法，应该是取其意象，而不应过分追求形式，并且不能滥用，要根据功能，材料工艺、环境要求恰当地运用，功能要放在第一位。设计方法是手段，并不是目的，最终的目标是创造一件功能合理，造型优美的家具产品（图 3-3-24 ~ 图 3-3-26）。

图 3-3-25 仿生造型的教堂椅

[图片来源：创意家具设计爱好者，Topchair]

图 3-3-26 现代层压板家具仿生造型

[图片来源：young european desigers]

# 3.4 家具造型的装饰

色彩与材质是家具造型设计的构成要素之一。一件家具给人的第一印象首先是色彩，其次是形态，最后是材质。色彩与材质具有极强的表现力，在视觉上、触觉上给人以心理与生理上感受与联想。以下重点讲解色彩在家具造型中的作用，材质将在第 5 单元作具体讲解。

色彩在家具中本身不能独立存在，它必须依附材料和造型，在光的作用下，才能呈现。如各种木材丰富的天然本色与木肌理，鲜艳的塑料、透明的玻璃、闪光的金属、染色的皮革、染织的布艺、多彩的油漆等。从一件完美的家具来看，通过艺术造型、材质肌理、色彩装饰的综合构成，传递着视觉与触觉的美感信息。色彩也是一门独立的科学与艺术知识，它涉及色彩本身合成的理化科学，人眼接受色彩的视觉生理科学及人脑接受色彩产生情感的心理科学，美术上研究色彩的色相（H）、明度（V）、纯度（C）三要素的色彩艺术学。家具色彩主要体现在木材的固有色，家具表面涂饰的油漆色，人造板材贴面的装饰色，金属、塑料、陶瓷、玻璃的现代工业色及软体家具的皮革、布艺色等。

## 3.4.1 木材固有色

在今天，木材仍然是现代家具的主要用材。木材作为一种天然材料，它的固有色成为体现天然材质肌理的最好媒介。木材种类繁多，其固有色也十分丰富，有淡雅、细腻，也有深沉、粗犷，但总体上是呈现温馨宜人的暖色调。在家具应用上常用透明的涂饰以保护木材固有色和天然的纹理。木材固有色具有与环境与人类自然和谐，给人以亲切、温柔、高雅的情调，是家具恒久不变的主要色彩，永远受到人类的喜爱（图 3-3-27 和图 3-3-28）。

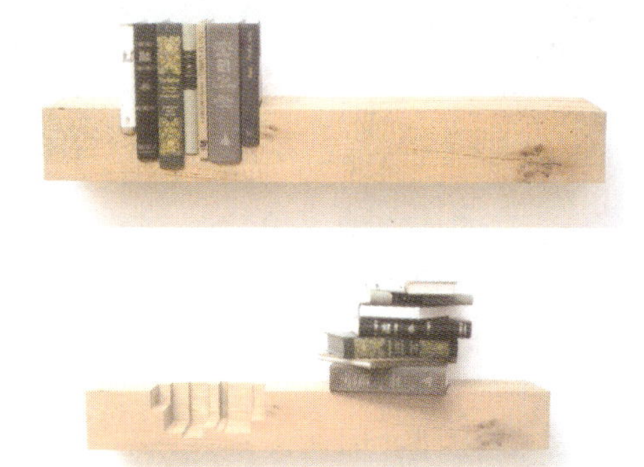

图 3-3-27 木纹肌理书架
[ 图片来源：INSPIRATIONS design ]

图 3-3-28 木纹肌理凳椅
[ 图片来源：创意家具设计爱好者，Topchair ]

## 3.4.2 家具表面油漆色

家具大多需要进行表面深涂油漆，一方面是保护家具免受大气光照影响，延长其使用寿命；另一方面家具油漆在色彩上起着重要的美化装饰作用。

家具深饰油漆分两类，一类是透明涂饰；另一类是不透明涂饰，同时又有亮分光和亚光两类。

透明涂饰本身又分两种，一种是显露木材固有色；另一种是经过染色处理改变木材的固有色，但纹理依然清晰可见，使木材的色调更为一致。透明涂饰多用于高档珍贵木材家具（图 3-3-29）。

图 3-3-29 双排坐椅（Tandem Acolyte Seating）
[ 图片来源：1000new eco designs and where to find them]

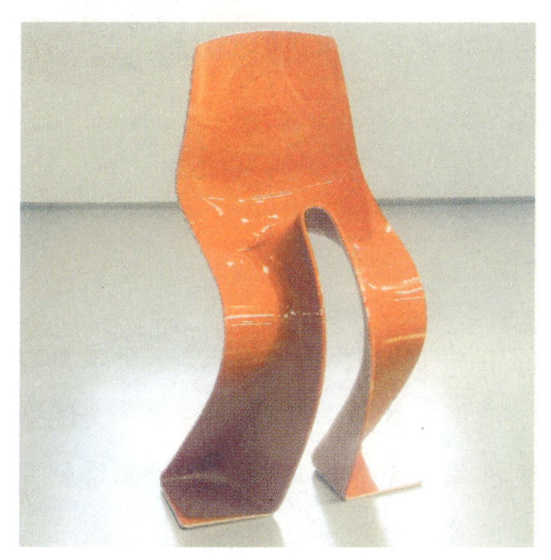

不透明涂饰是将家具本身材料的固有色完全覆盖，油漆色彩的冷暖、明度、彩度、色相极其丰富，可以根据设计需要任意选择和调色，在低档木材家具、一般金属家具、人造板材家具使用较多（图 3-3-30）。

图 3-3-30 人形椅
[ 图片来源：INSPIRATIONS design]

## 3.4.3 金属、塑料、玻璃、陶瓷的现代工业色

现代大工业标准化批量生产的金属、塑料、玻璃、陶瓷家具充分体现了现代家具的时代色彩。金属的电镀工艺，不锈钢的抛光工艺，铝合金静电喷涂工艺所产生的独特的金属光泽，塑料中鲜艳色彩，玻璃中的晶莹透明，陶瓷的光洁，这几类现代工业材料已经成为现代家具制造中不可缺少的部件和色彩，随着现代家具的部件化、标准化生产，越来越多的现代家具是木材、金属、塑料、玻璃、陶瓷等不同材料配件的组合，在材质肌理与装饰色彩上显露出相互衬托，交映生辉的艺术效果（图 3-3-31 ~ 图 3-3-34）。

图 3-3-31 钢板 V 形槽金属家具的材质肌理

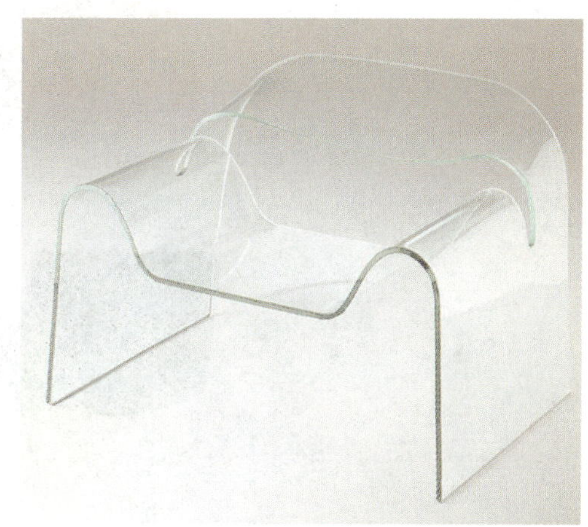

图 3-3-32 玻璃家具的材质肌理

图 3-3-33 陶瓷家具的材质肌理

图 3-3-34 塑料家具的材质肌理

## 3.4.4 软体家具的皮革、布艺色

软体家具中的沙发、靠垫、床垫在现代室内空间中占有较大面积，因此，软体家具的皮革、布艺等覆面材料的色彩与图案在家具与室内环境中起了非常重要的作用。特别是随着布艺在家具中使用的逐步流行，由于现代纺织工业所生产的布艺种类及色彩极其丰富多彩，为现代软体家具增加了越来越多的时尚流行色彩，是现代家具设计师非常需要值得注意和选配的装饰色彩和用料（图 3-3-35 ~ 图 3-3-37）。

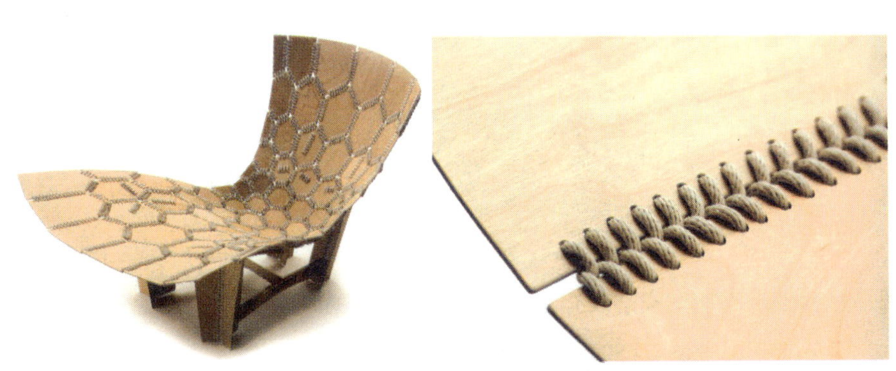

图 3-3-35 皮革家具的材质肌理

图 3-3-36 布艺沙发家具的材质肌理

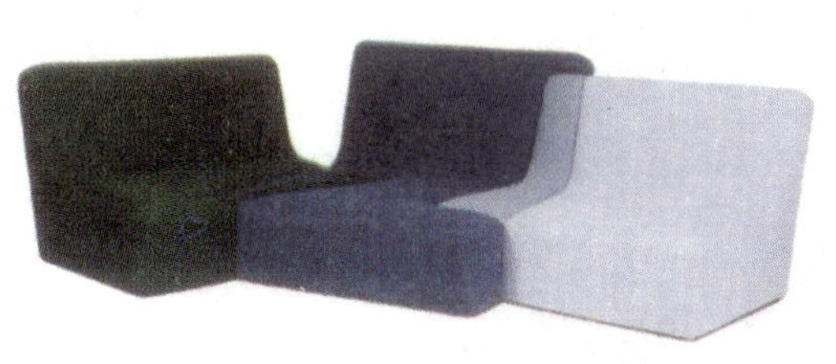

图 3-3-37 通过布艺色彩调色进行创意沙发设计

[ 图片来源：isaioni Milan Design Week 2008]

除了上述家具的色彩应用外，家具的色彩设计还必须考虑下述因素：家具的色彩不是孤立的一件或一组家具，家具与室内空间环境是一个整体的空间，所以家具色彩应与室内整体的环境色调和谐统一。家具与墙面、家具与地面、地毯、家具与窗帘、布艺、家具与空间环境（办公、居家、餐饮、旅馆、商业……）都有密不可分的关系，设计单体或成套家具的色彩必须把家具所处的建筑空间环境的色调一起综合设计，总之家具的色彩设计必须和室内环境及其使用功能作整体统一考虑。

## 课题设计

[设计内容]

运用抽象理性，有机感性，传统古典造型的方法，设计出一件或一组家具设计初步方案。

[命题要点]

（1）家具的造型必须符合三种造型方法中的一种。

（2）可以运用家具造型的基本要素来进行设计。

（3）家具尺寸符合人机工程学。

（4）注意运用形式美法则的特点。

[时间安排]

共 4 周

第 1 周：设计对象分析、查找资料和构思草图。

第 2 周：方案讨论。

第 3 周：方案的推敲（六视图、效果图的制作）。

第 4 周：展板的整理和后期设计说明的制作。

## 作业与思考题

1. 家具分类的三种基本方法是什么？
2. 家具造型设计有那几种方法？其主要特点是什么？
3. 运用统一、变化、模拟造型的方法各设计 3 组家具设计初步方案。

# 学生作品赏析

**示例一：时尚休闲椅**（设计：闫创）

设计简评：

坐椅的设计，采用仿生学，联想到“蜻蜓”的眼睛，通过进行简化，变形的设计，迷你的流线造型，时尚而又新颖。坐椅以红色为主色调，从心理学角度，红色艳丽明快，视觉冲击力强，体现动感，活力，时尚。底座为不锈钢支架，简洁大方而又不失现代感符，符合现代人个性时尚的审美标准及人机工程学。坐椅整体美观大方，体现和谐韵律，并且每个面充分显示了造型的魅力。作品曾获得全国“利豪杯”沙发设计比赛优秀奖。

**Leisure chair**

Furniture has its own character too, which can whispering gently with our spirit in the peaceful morning and poetic dusk.

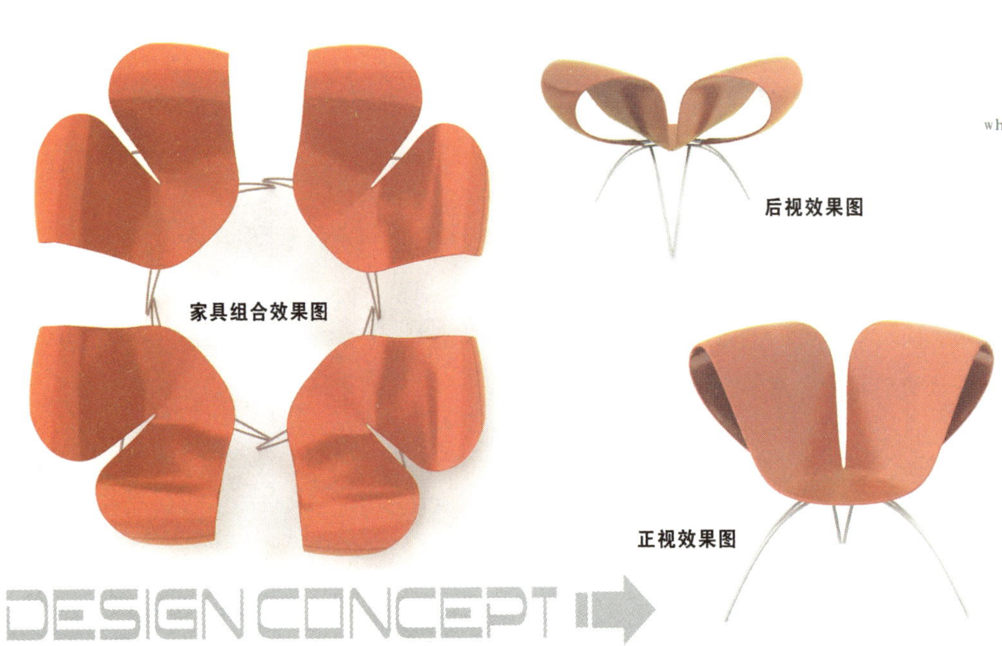


家具组合效果图

后视效果图

正视效果图

家具设计整体效果图

示例二：楚风（设计：杨艳）

设计简评：

该套餐桌椅整体造型古朴、优雅，功能上具有实用性。运用楚文化元素在湖北出土的著名文物“编钟”和“刀币”来作为基本造型，采用胡桃木或檀木材料，整体设计大气。作品曾获得“柏丽雅杯”“时尚·中国”第一届全国家具设计大赛优秀奖。

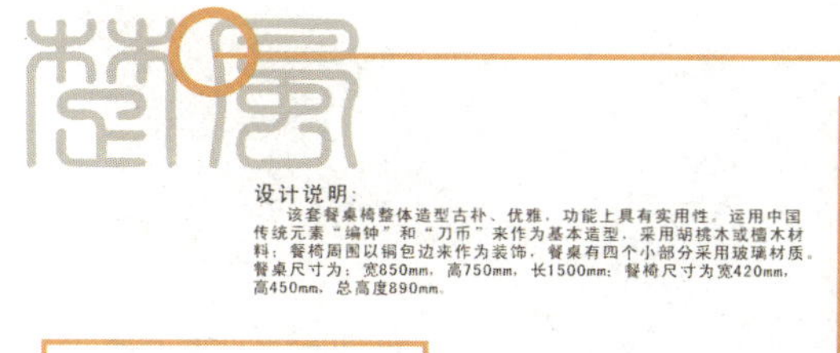


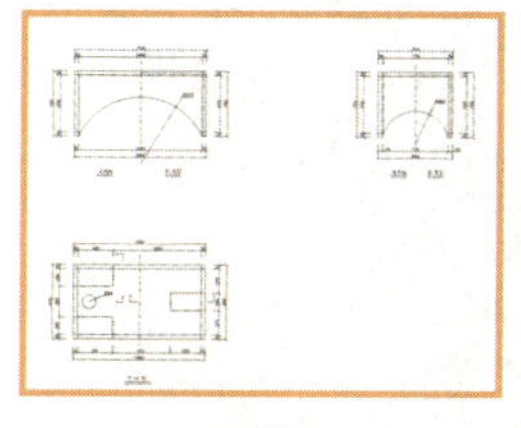

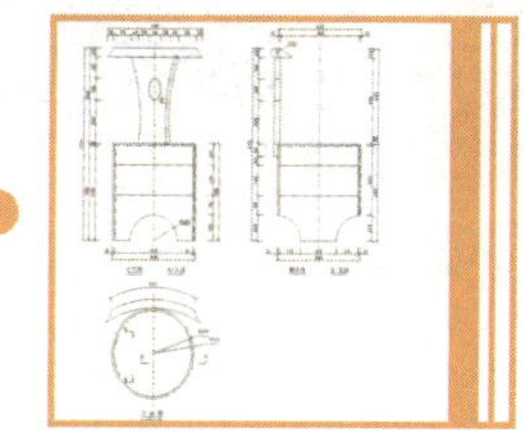

示例三：Chair（设计：滕庆镭）

设计简评：

作品设计概念突出的将人作为椅子的一部分，椅子的靠背处故意留出空白，意在将人头部及肩膀部分作为椅子的延伸，从远处看背面就好像不同的人穿着古怪但是有意思的衣服。作品突出了椅子与人相融合后产生的独特效果。

作品获得 2009“台州杯”中国（国际）塑料日用品创新设计大赛优秀奖。

Chair

**示例四：流动柜子**（设计：郑露瑶）

设计简评：

模仿维也纳设计师希诺·库拉玛塔所设计的抽屉柜改造成流动柜子，曲线的蛇形造型稍带动感，与一般坐着不动的造型相比，曲线增添了一种动态的特色，体现了现代人自由轻松，随意的感觉。

**示例五：算盘椅**（设计：尹焦）

设计简评：

此设计根据优美的人体坐姿形态，加上中国古典元素算盘、冰糖葫芦和古代镂空的窗户的造型。形成古代与现代的完美结合。椅子的功能全面，算珠可用来按摩，椅子下方可用来放书或杂志等物品，方便实用。

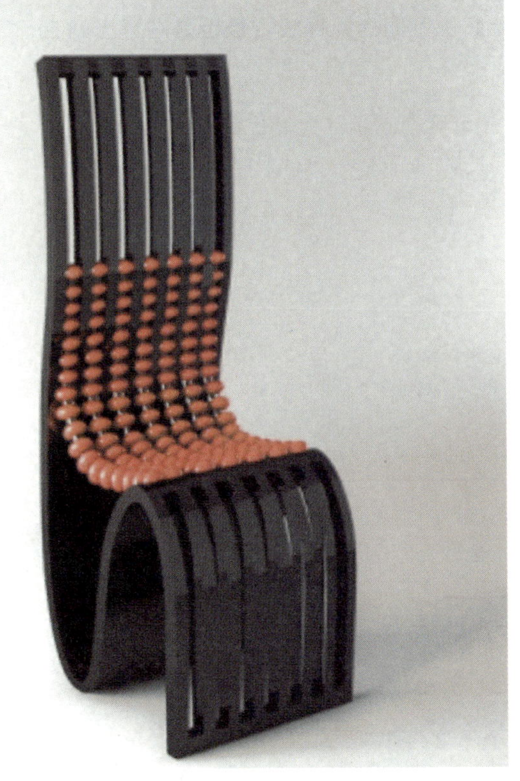

**示例六：贵妃榻设计——**兰憩（设计：吕旅）

设计简评：

此款贵妃榻的设计元素采用了仿生形态具有深厚中国文化蕴意的植物——兰草的形象。体现出来的理念即为古典与现代的结合。在材质上作者选用了木材，将榻的古典气质很好地表现出来。但家具略显笨重，若将材质进一步思考，则本案将更完整。

贵妃榻设计

——兰憩

**示例七：心跳书架**（设计：刘俊伟）

设计简评：

设计元素采用了心电图的形态，外形美观，功能多样，可依据书的大小高矮，随心情放置，作品获得 2007 年“海篱杯”家具大赛入围奖。

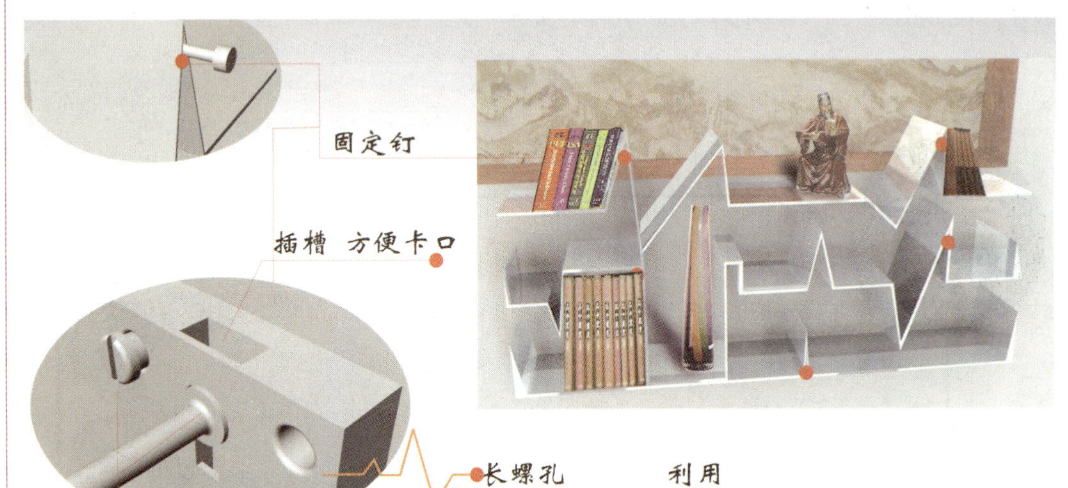

**示例八：莲椅**（设计：张冬青）

设计简评：

作品模拟莲蓬的形态，外形美观，采用点的元素进行创作。作品获得2007年“海篱杯”家具大赛入围奖。

# 第4单元 人体工程学与家具功能设计

**学习目的**

家具是实用性的产品，因而我们在设计家具时考虑的第一要素是家具功能的合理性。家具设计时应使家具的基本尺度与人体动静态的尺度相配合，家具的造型与结构要满足人们各种作息习惯的需要，并通过家具的外观、色彩、质感等要素来满足人们各种审美的心理要求。本单元主要从人体工程学的角度对人和家具的各种关系进行理性的分析，以帮助学生设计出合理、舒适的家具。

**学习重点**

（1）学生必须要求掌握各种常用家具的尺寸，在设计时可以依据此章节作为重要尺寸参考依据。

（2）通过学习了解人体的知识，从使用者的生理和心理的角度出发来设计家具。

在漫长的家具发展历程中，对于家具的造型设计，特别是对人体机能的适应性方面，大多仅通过直觉的使用效果来判断，或凭习惯和经验来考虑，对不同用途、不同功能的家具，没有一个客观的、科学的定性作为分析衡量的依据，甚至包括宫廷建筑家具，不管是欧洲国王还是中国皇帝使用的家具，虽然精雕细刻，造型复杂，但在使用上都是不舒适甚至是违反人体机能的。现代家具最重要的因素就是“以人为本”，基于人本性的设计开发，从“机械设计”走向“生命设计”，用环境产品设计开发创造新生活。

以下从人与家具的关系角度，提出家具设计的几点准则。

（1）家具的基本功能设计应该满足使用者具体的生活行为需要。

（2）提供支持人们休息状态的家具，应使人在使用时静疲劳强度降至最低，从而可以让人体各部分肌肉处于完全放松的状态。同时支持人体的承压结构，应使压力均匀分布以减少单位面积的压力密度。

（3）为工作状态提供服务的家具，除了考虑减轻人体疲劳外，还应考虑提高工作效率与质量。

（4）家具设计时要遵守便于身体移动的准则。使用者长期保持同样的姿势也会产生静疲劳，因此家具应能适应不同姿势的交替变化，僵化而束缚人体的家具并不能给人以良好的休息。

（5）家具的外观设计要考虑到使用者的心理需求与个性特征，从而有利于人的身心健康。

现代家具早已超越了单纯实用的需求层面，现代家具设计是建立在对人体的构造、尺度、体感、动作、心理等人体机能特征的充分理解和研究的基础上来进行的系统化设计。

根据家具与人和物之间的关系，可以将家具划分成三类：

（1）与人体直接接触，起着支承人体活动的坐卧类家具，如椅、凳、沙发、床榻等。

（2）与人体活动有着密切关系，起着辅助人体活动、承托物体的凭倚类家具，如桌台、几、案、柜台等。

（3）与人体产生间接关系，起着储存物品作用的储存类家具，如橱、柜、架、箱等。

这三大类家具基本上囊括了人们生活及从事各项活动所需的家具。家具设计是一种创作活动，它必须依据人体尺度及使用要求，将技术与艺术诸要素加以完美的综合。

## 4.1　人体基本知识

家具设计首先要研究家具与人体的关系，要了解人体的构造及构成人体活动的主要组织系统。人体主要系统组成如图 4-1-1 所示。

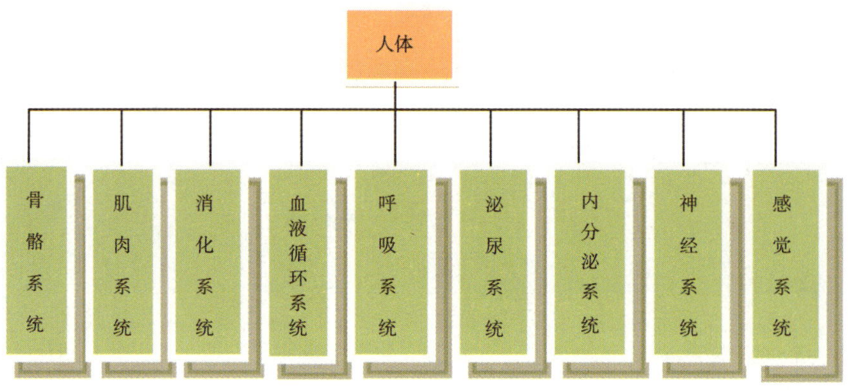


图 4-1-1 人体组成系统

这些系统像一台机器那样互相配合、相互制约地共同维持着人的生命和完成人体的活动，在这些组织系统中与家具设计有密切关联的是骨骼系统、肌肉系统、神经系统和感觉系统。

## 4.1.1 骨骼系统

骨骼是人体的支架，整个骨骼系统有 200 多根骨节组成，并且按规律排列在人体的各部位。骨骼是家具设计测定人体比例、人体尺度的基本依据，骨骼中骨与骨的连接处产生关节，人体通过不同类型和形状的关节进行着屈伸、回旋等各种不同的动作，由这些局部的动作的组合形成人体各种姿态。家具要适应人体活动及承托人体动作的姿态，就必须研究人体各种姿态下的骨关节运动与家具的关系。

## 4.1.2 肌肉系统

肌肉的收缩和舒展支配着骨骼和关节的运动。在人体保持一种姿态不变的情况下，肌肉则处于长期的紧张状态而极易产生疲劳，因此人们需要经常变换活动的姿态，使各部分的肌肉收缩得以轮换休息；另外肌肉的营养是靠血液循环来维持的，如果血液循环受到压迫而阻断，则肌肉的活动就将产生障碍。因此家具设计中，特别是坐卧性家具，要研究家具与人体肌肉承压面的关系。

## 4.1.3 神经系统

神经系统支配着人体全部系统的活动，只有了解神经系统才能知道心理活动发生的过程。神经系统的主要部分是脑和脊髓，它们和人体各部分发生联系，以反射为基本活动方式，调节人体的各种活动。

## 4.1.4 感觉系统

激发神经系统起支配人体活动的机构是人的感觉系统。人们通过视觉、听觉、触觉、嗅觉、味觉等感觉系统所接受到的各种信息，刺激传达到大脑，然后由大脑发出指令，由神经系统传递到肌肉系统，产生反射式的行为活动，如晚间睡眠在床上仰卧时间久后，肌肉受压通过触觉传递信息后作出反射性的行为活动，人体翻身做侧卧姿态。

## 4.2 人体基本动作

人在运动与休息的过程中存在着多种不同的姿势，并且动作形态是相当复杂而又变化万千，如蹲坐、躺卧、站立、跳、旋转、行走等都会显示出不同形态所具有的不同尺度和不同的空间需求。这些姿势从完全地活动状态（如跑、跳、走等）到有倚靠的站立、坐、卧，到完全地休息状态。其中，除了完全运动着的状态外，其余的各种姿势都或多或少地与家具产生一定的联系，从家具设计的角度来看，合理地依据人体一定姿态下的肌肉、骨骼的结构来设计家具，能调整人的体力损耗、减少肌肉的疲劳，从而极大地提高工作效率。与家具设计密切相关的人体动作主要是立、坐、卧（图 4-2-1）。

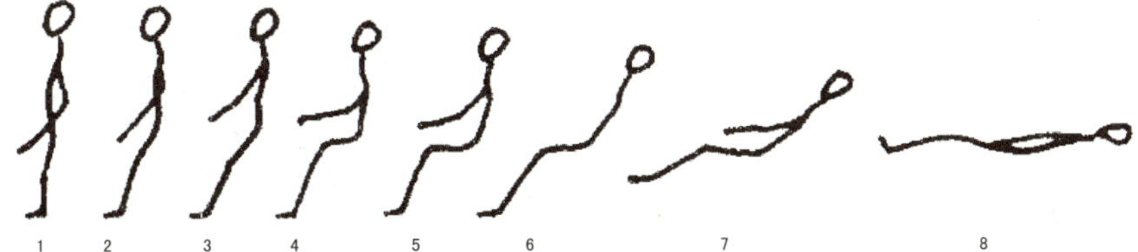


图 4-2-1 人体运动状态

### 4.2.1 立

人体站立是一种最基本的自然姿态，是由骨骼和无数关节支撑而成。当人直立进行各种活动时，由于人体的骨骼结构和骨肉运动时时处在变换和调节状态中，所以人们可以做较大幅度的活动和较长时间的工作，如果人体活动长期处于一种单一的行为和动作时，他的一部分关节和肌肉就长期地处于紧张状态，就极易感到疲劳。人体在站立活动中，活动变化最少的应属腰椎及其附属的肌肉部分，因此人的腰部最易感到疲劳，这就需要人们经常活动腰部和改变站姿态。人体处于凭倚状态，需要一定的物质支持，对应的是凭倚类家具（图 4-2-2）。

图 4-2-2 法国巴黎地铁站内站台椅

［图片来源：城市家具系统设计］

地铁站内的候车站台，人群流动性很大，简易的靠椅设施，对短时间内停留于此候车的人们而言，方便、实用，同时又节约空间。

### 4.2.2 坐

当人体站立过久时，就需要坐下来休息，另外人们的活动和工作也有相当大的部分是坐着进行的，因此需要更多地研究人坐着活动时骨骼和肌肉的关系。

人体的躯干结构是支撑上部身体重量和保护内脏不受压迫，当人坐下时，由于骨盆与脊椎的关系推动了原有直立姿态时的腿骨支撑关系，人体的躯干结构就不能保持平衡，人体必须依靠适当的坐平面和靠背倾斜面来得到支撑和保持躯干的平衡，使人体骨骼、肌肉在人坐下来时能获得合理的松弛形态，为此人们设计了各类坐具以满足坐姿状态下的各种使用活动（图4-2-3）。

(a) (b) (c) (d)

图 4-2-3 可调整的转椅

[图片来源：《世界发明》2008 年 3 月总第 316 期]

在正常情况下，这就是个转椅。但如果你累了，或者到了中午休息时间，或你想玩玩电脑游戏，你就可以把坐椅分成两半，不要正襟危坐，便可以休闲操作电脑了。

### 4.2.3 卧

卧的姿态是人希望得到最好的休息状态，不管站立和坐，人的脊椎骨骼和骨肉总是受到压迫和处于一定的收缩状态，卧的姿态，才能使脊椎骨骼的受压状态得到真正的松弛，从而得到最好的休息。因此从人体骨骼肌肉结构的观点来看，卧不能看作为站立姿态的横倒，其所处动作姿态的腰椎形态位置是完全不一样的，只有把卧作为特殊的动作形态来认识，才能理解卧的意义（图 4-2-4 和图 4-2-5）。

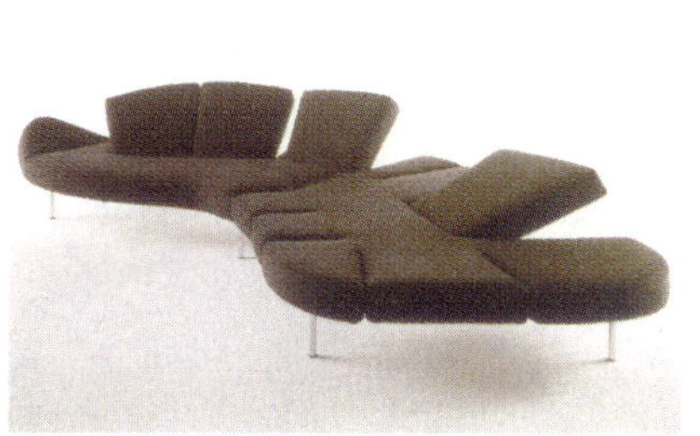

图 4-2-4 多变沙发

[图片来源：2001 年国际家具年鉴]

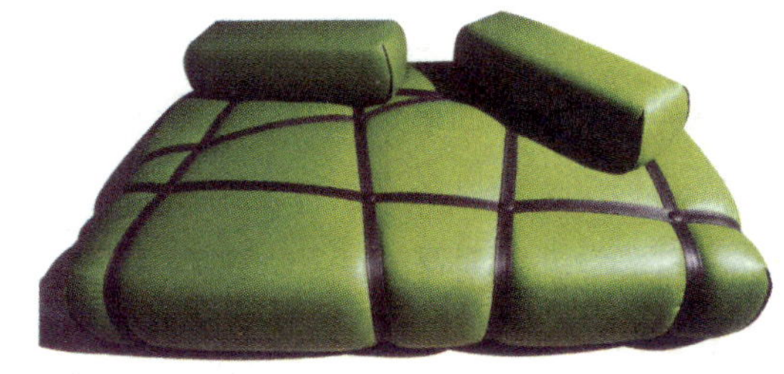

图 4-2-5 具有丰富形态的床

[图片来源：《家具》2009 年 170 期]

## 4.3 人体尺度

家具设计最主要的依据是人体尺度，如人体站立的基本高度的伸手最大的活动范围，坐姿时的下腿高度和上腿的长度及上身的活动范围，睡姿时的人体宽度，长度及翻身的范围等都与家具尺寸有着密切的关系。因此学习家具设计，必须首先了解人体各部位固有的基本尺度。

在我国，由于人口众多，人体尺度随年龄、性别、地区的不同而有所变化；同时随着时代的进步、人们生活水平的提高，人体尺度也在发生变化，因此我们只能采用平均值作为设计时的相对尺度依据。对尺度的理解是既要有尺度，离开了人体尺度就无从着手设计家具；但对尺度也要有辩证的观点，它具有一定的灵活性。

# 4.4 人体生理机能与家具的关系

在家具设计中对人体生理机能的研究是促使家具设计更具科学性的重要手段。根据人们生活习惯和不同的使用功能，我们将家具分类为坐卧类家具、凭倚类家具及储存类家具。

## 4.4.1 坐卧类家具

坐卧类家具主要包括有椅、凳、沙发、床、榻等家具。

按照人们日常生活的行为，人体动作姿态可以归纳为从立姿到卧姿的不同势态，其中坐与卧是人们日常生活中占有的最多动作姿态，如工作、学习、用餐、休息等都是在坐卧状态下进行的，因此坐卧性家具与人体生理机能关系的研究就显得特别重要。

坐卧类家具的基本功能是要满足人们坐得舒服、睡得安宁、减少疲劳和提高工作效率。这 4 个基本功能要求中，最关键的是减少疲劳，如果在家具设计中，通过对人体的尺度、骨骼和肌肉关系的研究，使设计的家具在支承人体动作时，将人体的疲劳度降到最低状态，也就能得到最舒服的感觉，同时也可保持最高的工作效率。

然而形成疲劳的原因是一个很复杂的问题，但主要是来自肌肉和韧带的收缩运动。这时人体就需要给这部分肌肉持续供给养料，如供养不足，人体的部分机体就会感到非常疲劳。因此在设计坐卧类家具时，就必须考虑人体生理特点，使骨骼、肌肉结构保持合理状态，血液循环与神经组织不过分受压，尽量设法减少和消除产生各种疲劳的条件。

### 4.4.1.1 坐具的基本尺度与要求

坐具的基本尺度与要求如图 4-4-1 所示。

但无论工作椅还是休闲椅，都应该具有合适的坐高、坐深、座宽、坐面倾斜度、合理的椅靠背、扶手及坐椅弹性。

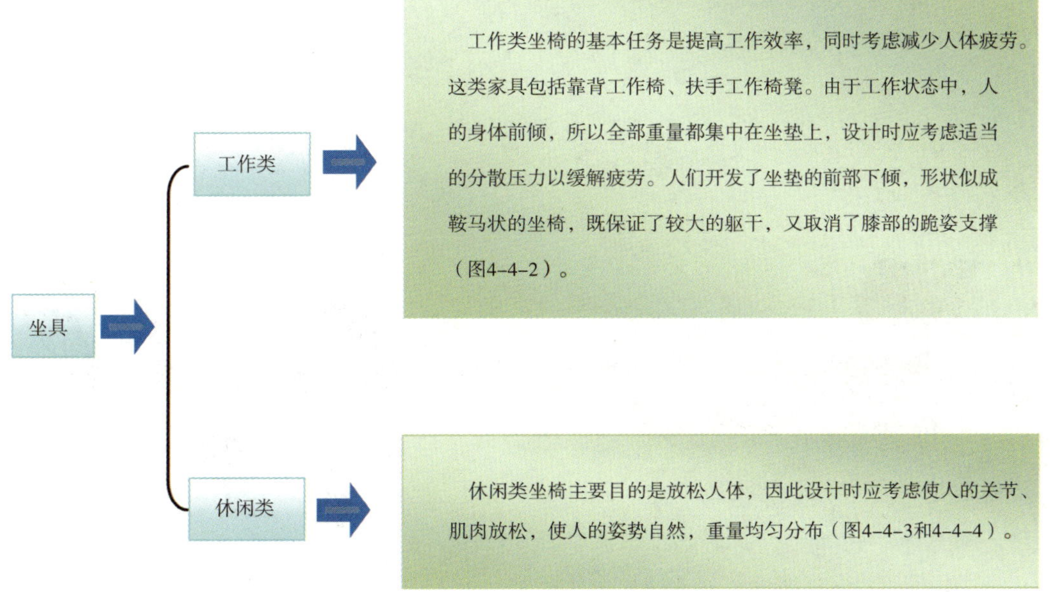


图 4-4-1 坐具的基本尺度与要求

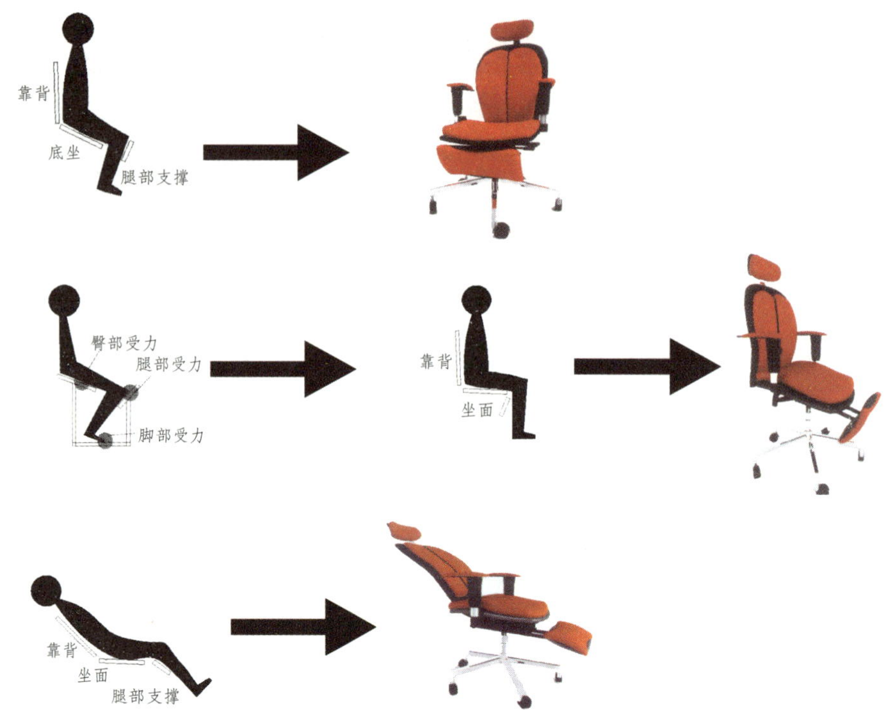


图 4-4-2 突破传统设计的办公椅

[ 图片来源:《家具》2009 年第 169 期 ]

通过对坐姿的研究，办公椅的设计可以突破传统。人坐在上面，可以轻松转变人体坐姿的三种状态：普通办公椅的使用状态、跪式椅使用状态和躺椅使用状态，坐姿的转变有利于最大限度地减少办公人员由于长时间工作而产生的腰部酸痛、颈、背部疲劳等不适症状。这种新型办公椅特别适合在电脑前长时间工作的工作者使用。

图 4-4-3 休闲沙发

[ 图片来源：创意家具设计爱好者网站，Topchair]

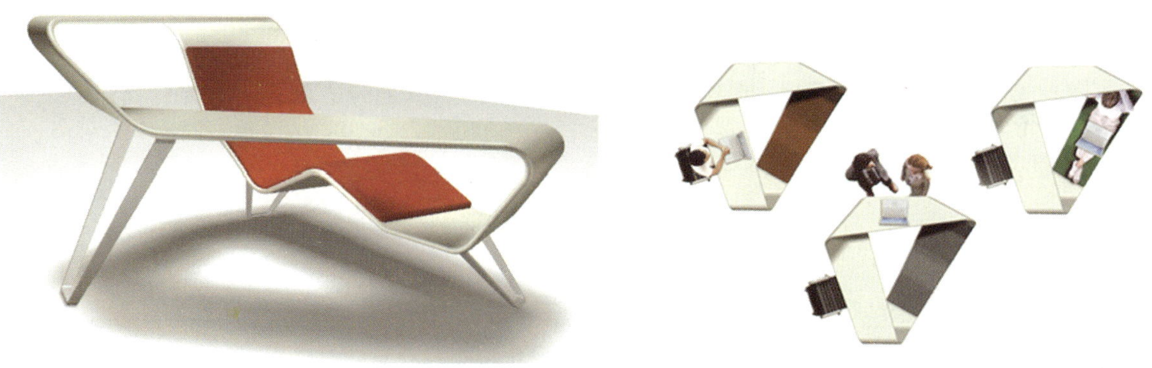

图 4-4-4 多功能一体办公家具

[ 图片来源：创意家具设计爱好者网站，Topchair]

这款多功能办公家具是一个三角形家具。

1. 坐高

坐高是指坐具的坐面与地面的垂直距离，椅子的坐高由于椅坐面常向后倾斜，通常以前坐面高作为椅子的坐高。

椅子的坐高是衡量椅子功能是否合理以及坐姿舒适程度的重要因素。坐面过高，两足不能落地，使大腿前半部近膝窝处软组织受压，久坐时，血液循环不畅，肌腱就会发胀而麻木。如果椅坐面过低，则大腿碰不到椅面，体压过于集中在坐骨节点上，时间久了会产生疼痛感；另外坐面过低，人体形成前屈姿态，从而增大了背部肌肉的活动强度，而且重心过低，使人起立时感到困难（图 4–4–5）。因此设计时必须寻求合理的坐高与体压分布，合理的坐高为：

椅座高 =（小腿腘窝）+（25~35mm 鞋跟高）–（10~20mm 活动余量）

目前，按照我们国家平均人体的身高尺度，坐高一般为 400 ～ 430mm 比较合适。

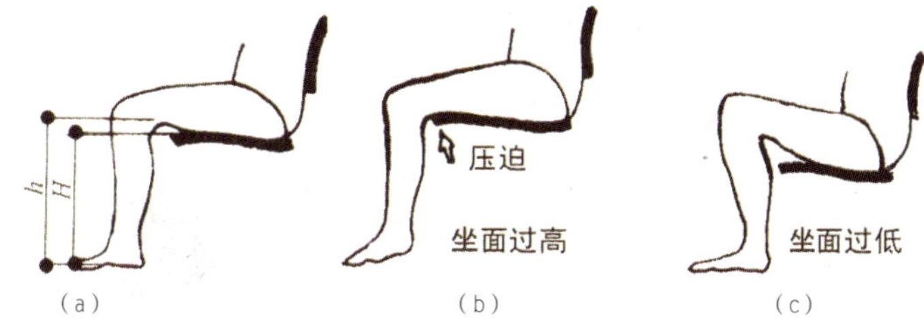


图 4–4–5　坐高与腿部窝的关系
（a）适中；（b）坐面过高；（c）坐面过低

休闲坐椅，如躺椅、沙发等要充分使人得到休息，把人体疲劳降低到最低点。因此，它的坐高相对低于一般的坐椅，一般尺寸为 350 ～ 380mm，如坐椅上有比较厚的坐垫材料，应以弹性下沉的极限作为尺度标准（图 4–4–6）。

图 4–4–6　挪威设计师 Peter Opsvik 设计的椅子
这是为不同年龄阶段的孩子设计的椅子。通过坐面高度的调整，满足了成长中身高不断变化的孩子的需求。因而这把椅子可以看成高适应性设计的代表。

2. 坐深

坐深主要是指坐面的前沿至后沿的距离。通常坐深应小于人坐姿时的大腿水平长度，使坐前沿小腿有 60mm 左右的距离，以保证小腿的活动自由。

根据我国人体尺度，人体坐姿的大腿水平长度平均值：男性为 445mm，女性为 425mm，然后保证坐面前沿离开膝窝一定的距离约 60mm，这样，一般情况下坐深尺寸在 380~420mm。对于普通工作椅来说，由于工作人体腰椎与骨盘之间成垂直状态，所以其坐深可以浅一点，可以小于 420mm。而作为休息的靠椅，因其腰椎与骨盘的状态呈倾斜钝角状，故休息椅的坐深可设计得略为深一些，但一般不宜大于 530mm。

3. 坐宽

椅子坐面的宽度根据人的坐姿及动作，往往呈前宽后窄的形状，坐面的前沿宽度称坐前宽，后沿宽度称坐后宽。

坐椅的宽度应使臀部得到全部支承并有适当活动宽裕的余地，以便于人体坐姿的变换。坐宽一般不小于 380mm，对于有扶手的靠椅来说，要考虑人体手臂的扶靠，以扶手的内宽来作为坐宽的尺寸，按人体平均肩宽尺寸加一适当的余量，一般不小于 460mm，但也不宜过宽，以自然垂臂的舒适姿态肩宽为准。

4. 坐面倾斜度

从人体坐姿及其动作的关系分析，人在休息时，人的坐姿是向后倾靠，使腰椎有所承托。因此一般的坐面大部分设计成向后倾斜，其人斜角度为 3° ~ 5° ，相对的椅背也向后倾斜。而一般的工作椅则不希望坐面有向后的倾斜度，因为人体工作时，其腰椎及骨盘处于垂直状态，甚至还有前倾的要求，如果使用有向后倾斜面的坐椅，反而增加了人体力图保持重心向前时肌肉和韧带收缩的力度，极易引起疲劳。因此一般工作椅的坐面以水平为好，甚至可考虑椅面向前倾斜的设计，如通常使用的绘图凳面是身前倾斜的（图 4-4-7）。

图 4-4-7 挪威设计师彼得·奥普斯韦克 Peter Opsvik 设计的工作“平衡”椅

其是根据人体工作姿态的平衡原理设计而成，坐面作小角度的向前倾斜，并在膝前设置膝靠垫，把人的重量分布于骨支撑点和膝支撑点上，使人体自然向前倾斜，使背部、腹部、臀部的肌肉全部放松，便于集中精力，提高工作效率。

5. 椅靠背

对于一般的工作椅而言，腰部肌肉的活动强度最大，最易疲劳，而这一坐高正是我们坐具设计中用得最普遍的，因此要改变腰部疲劳的状况，就必须设置靠背来弥补这一缺陷。靠背的高度不宜过高，通常以不超出肩部高度为宜，有的仅在腰部第一节椎骨后加以支托。而休闲椅靠背的高度多高出肩部，使头部也有依托。

6. 扶手高度

休息椅和部分工作椅需要设有扶手，其作用是减轻两臂的疲劳。扶手的高度应与人体坐骨结节点到上臂自然下垂的肘下端的垂直距离相近。扶手过高时两臂不能自然下垂，过低则两肘不能自然落靠，这两种情况都容易使上臂引起疲劳，根据人体尺度，扶手上表面坐面的至坐面的垂直距离为 200 ~ 250mm。扶手和扶手之间的距离应大于肩宽，以 520 ~ 560mm 为宜。同时扶手前端略为升高，随着坐面倾角与基本靠背斜度的变化，扶手倾斜度一般为 10° ~ 20° 或 -20° ~ -10° （图 4-4-8）。

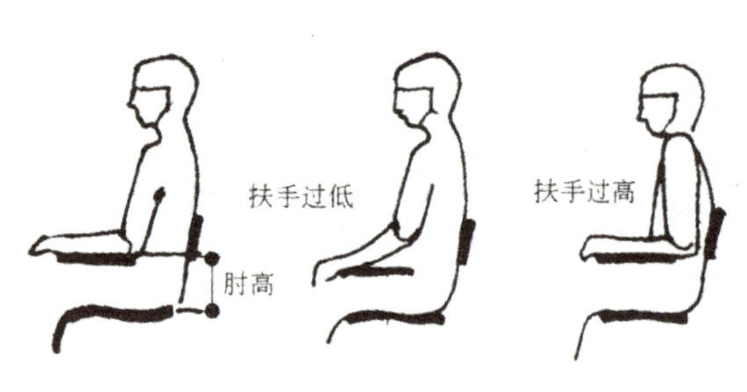


图 4-4-8 坐椅扶手与人体的关系

7. 坐椅弹性

坐椅是供人轻松工作和良好休息之用。如坐椅材料太硬，往往会引起不适感，所以在休息用椅和一般工作用椅上加上弹性软垫，以增加舒适感。但不同功能的坐椅软垫的弹性要求也各不相同，一般工作用椅的软垫的弹性不宜过大，沙发椅的坐面和靠背弹性尺度见表 4–4–1。

表 4–4–1 沙发椅的弹性尺度 单位：mm

| 合适的坐面下沉度 | | 合适的靠背弹性压缩度 | |
|---|---|---|---|
| | | 上半部 | 托腰部 |
| 小沙发 | 70 左右 | 30 ~ 45 | 小于 35 |
| 大沙发 | 80 ~ 120 | | |

可调节坐椅尺寸参数推荐设计值及相关说明见表 4–4–2。

表 4–4–2 可调节坐椅尺寸参数推荐设计值及相关说明

| 坐椅参数 | 设计值 | 说明 |
|---|---|---|
| 坐椅高度（mm） | 400 ~ 520 | 过高则压迫大腿；过低则使椎间盘压力增大 |
| 坐垫深度（mm） | 380 ~ 430 | 过长则抵压膝弯部，应使用弧曲轮廓 |
| 坐垫宽度（mm） | ≥ 462 | 对胖人推荐用较宽值 |
| 坐面倾角 | -10° ~ 10° | 前部朝下倾斜时，坐椅面料须有更大的摩擦力 |
| 相对于坐面的靠背角 | > 90° | 大于 105° 最好，但需要对工作台作调整 |
| 靠背宽度（mm） | 305 | 在腰部处测量 |
| 腰靠（mm） | 150 ~ 230 | 从坐平面到腰靠中心的垂直高度 |

凳的尺寸见表 4–4–3。

表 4–4–3 凳的尺寸表 单位：mm

| 部位 | 工作用 | 休息用 | 普通用 | | | 长凳 | 小凳 | 吧凳 |
|---|---|---|---|---|---|---|---|---|
| | | | 大 | 中 | 小 | | | |
| 长 | 350 ~ 390 | 430 ~ 450 | 400 | 360 | 340 | 1000 ~ 1500 | 260 | 300 ~ 380 |
| 宽（深） | 350 ~ 380 | 420 ~ 450 | 280 | 280 | 265 | 140 | 160 | 300 ~ 420 |
| 高 | 340 ~ 390 | 340 ~ 390 | 480 | 440 | 420 | 480 | 240 | 800 |

### 4.4.1.2 卧具的基本尺度与要求

床是供人睡眠休息的主要卧具，也是与人体接触时间最长的家具。床的基本要求是使人躺在床上能舒适地尽快入睡，并且要睡好，以达到消除一天的疲劳、恢复体力和补充工作精力的目的。因此床的设计必须考虑到床与人体生理机能的关系，床的造型除传统矩形外，还有如下造型（图 4–4–9 ~ 图 4–4–11）。

（a）

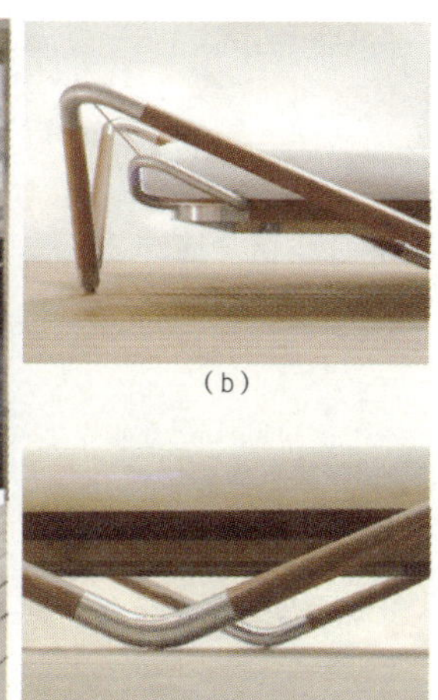

（b）

（c）

图 4–4–9 创意浮床设计

［图片来源：创意家具设计爱好者网站，Topchair］

浮床是由四件不锈钢连接到一个木棍和钢弓架做成，浮床非常易于安装，拆卸方便，从而可以非常方便地运输到需要的地方去。

图 4-4-10 甲壳虫多功能沙发床（设计：赵杨）

设计灵感来自于甲壳虫的可爱外形，床头是一个小型物品存放区，方便主人休息时存放一些必需品，床两边是三角形茶几，简单实用，打开的床的两边可当沙发使用，白色靠背可以从床边抽出，坐垫下是一个收拉抽屉，方便主人收纳衣物或杂物。沙发靠背采用白色布艺柔软舒适，有机玻璃与金属的完美结合构造出了时尚简约的小茶几，置身其中，增添了不少生活的乐趣。

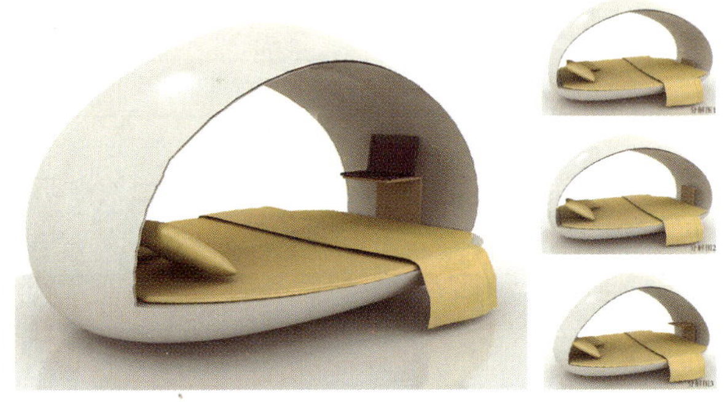

图 4-4-11 蛋壳多功能床（设计：付秀娟）

这是一款形状像鸡蛋的多功能床，此床根据床的尺寸大小，采用鸡蛋的元素特点，材质选用白色金属喷漆，床垫和抱枕选用蛋黄色柔软的布料，两种颜色分别代表蛋壳和蛋黄。环绕床头和床尾安装了一个圆弧形的顶。顶部设有一个独立的照明灯具，床头两边分别配有开关按钮。在床尾有个可以拉伸、折叠的小桌子，方便人们写字看书和上网。躺在里面更是一种舒适的享受。

从人体结构来看，人在仰卧与站立时，骨骼、脊椎、肌肉等所处的状态与受压等因素是不同的。舒适的睡卧姿势应顺应脊椎的自然形态，使腰部与臀部的压陷略有差别，这主要取决于床的软硬和弹性。现代家具中使用的床垫是解决体压分布合理的较理想用具。它由不同材料搭配的三层结构组成，上层是采用与人体接触部分柔软的材料；中层则采用较硬的材料；下层是承受压力的支承部分，用具有弹性的钢丝弹簧构成。这种软中有硬的三层结构做法，有助于人体保持自然的良好的仰卧姿态，从而得到舒适的休息。

人在睡眠时，并不是一直处于一种静止状态，而是经常辗转反侧，人的睡眠质量除了与床垫的软硬有关外，还与床的大小尺寸有关（表 4-4-4 ~ 表 4-4-6）。

1. 床宽

床的宽窄直接影响人睡眠的翻身活动。日本学者做的试验表明，睡窄床比睡阔床的翻身次数少。当宽为 500mm 的床时，人睡眠翻身次数要减少 30%，这是由于担心翻身掉下来的心理影响，人自然也就不能熟睡。以保证翻身和适当的活动，床宽一般为肩宽的 2.5 ~ 3 倍。按照我国人体平均尺度，男子肩宽在 410mm 左右，所以单人床宽一般为 1000 ~ 1200mm，最小不少于 800mm（不包括交通工具上的单人床和临时简易床铺）。双人床宽一般为单人床宽再加一人肩宽，为 1500mm，最小不少于 1350mm。

2. 床长

床的长度指两床头架之间的距离。为了能适应大部分人的身长需要，床的长度应以较高的人体作为标准进行设计。床的长度可按下列公式计算

$$床长\ L=（平均身高）\times A（头前余量）+B（脚后余量）$$

国家标准 GB/T 3326—1997 规定，成人用床床面净长一律为 1920mm，对于宾馆的公用床，一般脚部不设床架，便于特高人体的客人需要，可以加接脚凳。

3. 床高及安全栏板标准

床高即床面距地高度。一般与椅坐的高度取得一致，使床同时具有坐卧功能。另外还

要考虑到人的穿衣、穿鞋等动作。按国家标准 GB/T 3326—1997 的规定，双层床的底床铺面离地面高度不大于 420mm，层间净高不小于 980mm。安全栏板高度不小于 200mm，安全栏板所留缺口在 500 ~ 600mm。

4. 床的尺寸

双人床常用尺寸见表 4-4-4 。

表 4-4-4　双人床常用尺寸　单位：mm

| 名称 | 长 | 宽 | 高 |
|---|---|---|---|
| 大床 | 2000 | 1500 | 480 |
| 中床 | 1920 | 1350 | 440 |
| 小床 | 1850 | 1250 | 420 |

单人床尺寸见表 4-4-5。

表 4-4-5　单人床尺寸　单位：mm

| 名称 | 长 | 宽 | 高 |
|---|---|---|---|
| 大床 | 2000 | 1000 | 480 |
| 中床 | 1920 | 900 | 440 |
| 小床 | 1850 | 800 | 420 |

表 4-4-6　儿童床常用尺寸　单位：mm

| 名称 | 长 | 宽 | 高 | 栏杆高 |
|---|---|---|---|---|
| 幼儿园大班 | 1350 | 700 | 300 | 500 |
| 中班 | 1250 | 650 | 250 | 450 |
| 小班 | 1200 | 600 | 220 | 400 |

## 4.4.2　凭倚类家具

凭倚类家具是人们工作和生活所必需要的辅助性家具。如就餐用的餐桌、茶几，梳妆用的梳妆台，看书写字用的写字桌，学生上课用的课桌、制图桌等，它们的尺度基准点都是以坐高而定的；另有为站立活动而设置的售货柜台、柜台和各种操作台等，它的尺度基准点是人站立时的站点。它们在进行各种活动时提供相应的辅助条件，并兼作放置或储存物品之用，因此这类家具与人体动作产生直接的尺度关系。

### 4. 4. 2. 1　坐式用桌的基本要求的尺度

1. 高度

桌子的高度与人体动作时肌体的形状及疲劳有密切的关系。正确的桌高应该与椅坐高保持一定的尺度配合关系。设计桌高的合理方法是应先有椅坐高，然后再加按人体坐高比例尺寸确定的桌面与椅面的高度差，即

桌高 = 坐高 + 桌椅高差（坐姿态时上身高的 1/3）

根据人体不同使用情况，椅坐面与桌面的高差值可有适当的变化。如在桌面上书写时，高差为 1/3 坐姿上身高减 20 ~ 30mm，学校中的课桌与椅面的高差为 1/3 坐姿上身高减 10mm。

桌面高可分别为 700mm、720mm、740mm、760mm 等规格。我们在实际应用时，可根据不同的使用特点酌情增减。如设计中餐用桌时，考虑到中餐进餐的方式，餐桌可略高一点；若设计西餐桌，同样考虑西餐的进餐方式，使用刀叉的方便，将餐桌高度略降低一些。

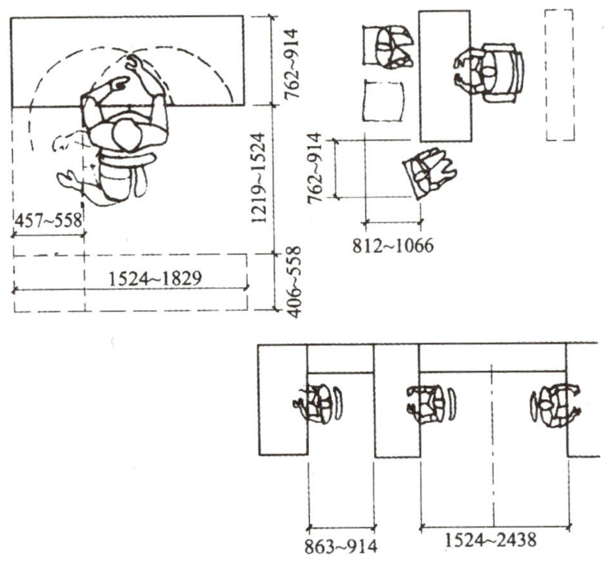


图 4-4-12 写字桌平面布置图

2. 桌面尺寸

桌面的宽度和深度应以人坐姿时手可达的水平工作范围，以及桌面可能置放物品的类型依据。如果是多功能的或工作时需配备其他物品、书籍时，还要在桌面上增添附加装置，对于阅览桌、课桌类的桌面，最好有约 15° 的倾斜，能使人获得舒适的视域和保持人体正确的姿势。

国家标准 GB/T 3226—1997 规定：双柜写字桌宽为 1200 ~ 1400mm；深为 600 ~ 750mm；单柜写字桌宽为 900 ~ 1200mm；深为 510 ~ 600mm。一般批量生产的单件产品均按标准选定尺寸，但对组合柜中的写字台和特殊用途的台面尺寸，不受限制（表 4-4-7）。平面布置如图 4-4-12 所示。写字桌常用尺寸见表 4-4-7。

表 4-4-7 写字桌常用尺寸 单位：mm

| 部位 | 书桌 | 小办公桌 | 大办公桌 |
|---|---|---|---|
| 长 | 650 ~ 1300 | 1000 ~ 1300 | 1300 ~ 1500 |
| 宽 | 600 ~ 850 | 600 ~ 700 | 750 ~ 900 |
| 高 | 760 ~ 800 | 750 ~ 780 | 780 ~ 800 |

餐桌与会议桌的桌面尺寸以人均占周边长为准进行设计。一般人均占桌周边长为 550 ~ 580mm，较舒适的长度为 600 ~ 750mm，方桌的最大尺寸是 1000mm，如图 4-4-13 所示。餐桌常用尺寸见表 4-4-8。

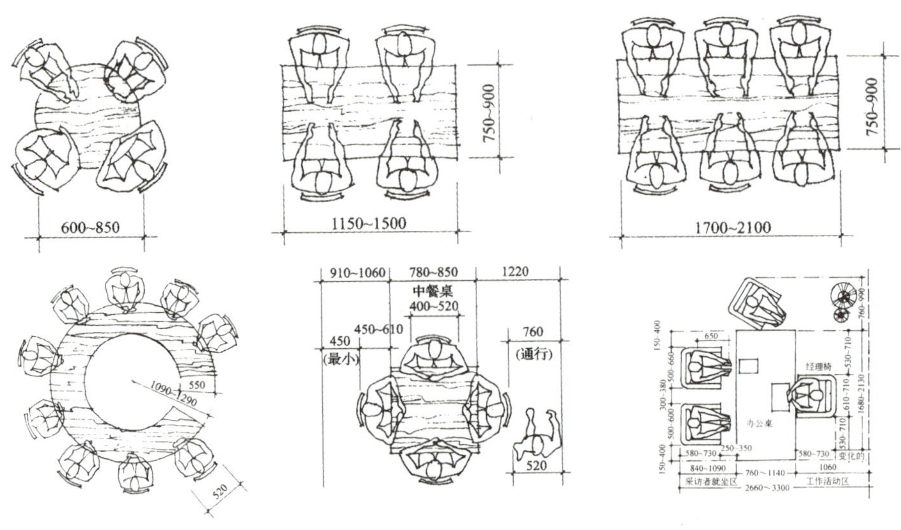


图 4-4-13 餐桌尺寸设计图

表 4-4-8 餐桌常用尺寸 单位：mm

| 部位 | 方桌 | 长桌 | 圆桌（直径） |
| --- | --- | --- | --- |
| 长 | 750 ~ 1000 | 900 ~ 1800 | 600 ~ 1800 |
| 宽 | 750 ~ 1000 | 470 ~ 1200 | 1090 ~ 1290 |
| 高 | 730 ~ 760 | 730 ~ 760 | 730 ~ 760 |

3. 桌面下的净空尺寸

为保证坐姿时下肢能在桌下设置与活动，桌面下的净空高度应高于双腿交叉叠起进的膝高，并使膝上部留有一定的活动余地。如有抽屉的桌子，抽屉不能做得太厚，桌面至抽屉底的距离不应超过桌椅高差的 1/2 即 120 ~ 150mm，也就是说桌子抽屉下沿距椅坐面至少应有 172 ~ 150mm 的净空，国家标准 GB/T 3326—1997 规定，桌子空间净高大于 580mm，净宽大于 520mm（图 4-4-14）。

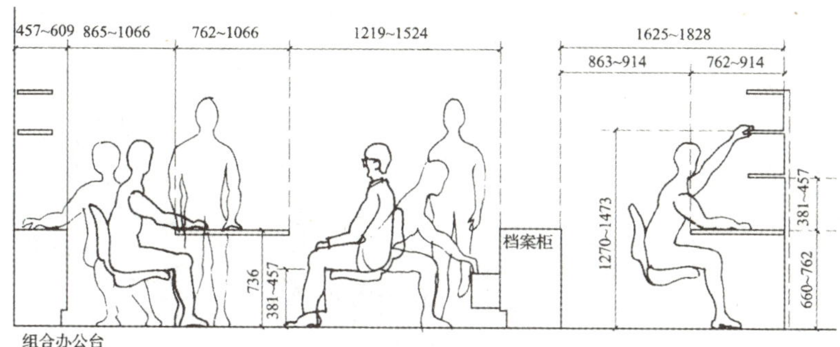


图 4-4-14 桌面尺寸设计图

桌子的造型样式如图 4-4-15 ~ 图 4-4-18 所示。

图 4-4-15 书桌

图 4-4-16 儿童书桌椅

[图片来源：创意家具设计爱好者网站，Topchair]

图 4-4-17 家庭办公桌

[图片来源：2001 年国际设计年鉴]

这是一个为未来家庭设计的互动式桌子，在桌子上所有的交流（商业、家庭、学校）都可以通过 E-mail 来完成。一个嵌入式的摄像机，可以把您的形象发给网络上的朋友或安有广角屏幕的会议桌上。

图 4-4-18 餐桌

[图片来源：young designers americas]

#### 4.4.2.2 立式用桌（台）的基本要求与尺度

立式用桌主要指售货柜台、营业柜台、讲台、服务台、橱柜及各种工作台等（图4-4-19～图4-4-22）。站立时使用的台桌高度是根据人体站立姿势的屈臂自然垂下的肘高来确定的。按我国人体的平均身高，站立用台桌高度以910～965mm为宜。若需要用力工作的操作台，其桌面可以稍降低20～50mm，甚至更低一些。

立式用桌的桌台下部不需留出容膝空间，因此桌台的下部通常可作储藏柜用，但立式桌台的底部需要设置容足空间，以利于人体靠紧台桌的动作之需。这个容足空间是内凹的，高度为80mm，深度在50～100mm（图4-4-23）。

图4-4-19 橱柜

图4-4-20 售货柜台

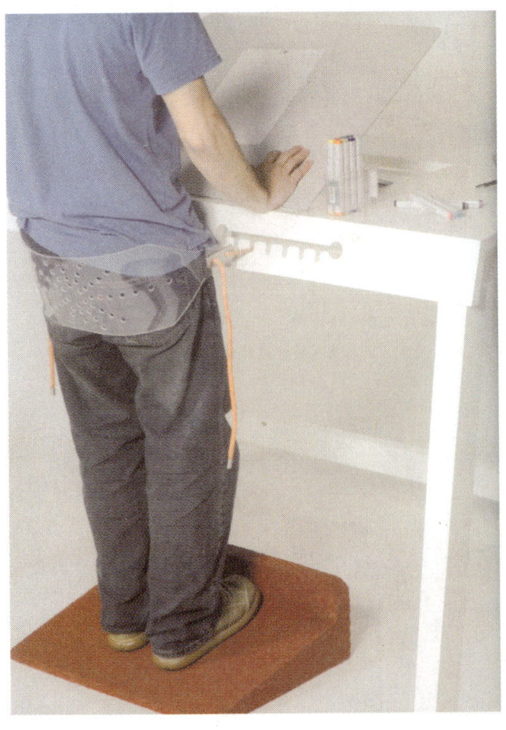

图4-4-21 立式绘图桌椅

图4-4-22 盥洗台

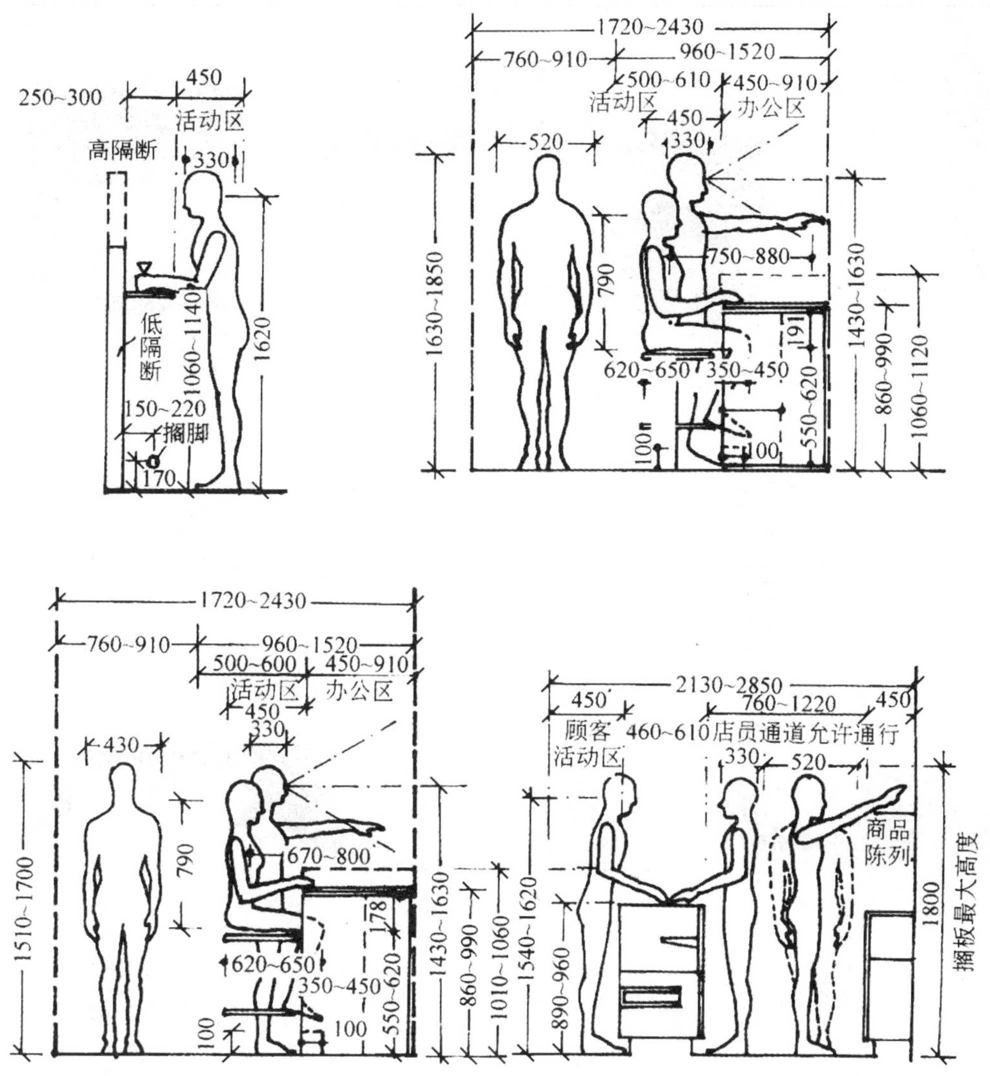


图 4-4-23　立式用桌尺寸设计图（单位：mm）

## 4.4.3　储存性家具

储存性家具是收藏、整理日常生活中的器物、衣物、消费品、书籍等的家具。根据存放物品的不同，可分为柜类和架类两种不同储存方式。柜类储存方式主要有大衣柜、小衣柜、壁柜、被褥柜、书柜、床头柜、陈列柜、酒柜等；而架类储存方式主要有书架、食品架、陈列架、衣帽架等。储存类家具的功能设计必须考虑人与物两方面的关系；一方面要求储存空间划分合理，方便人们存取，有利于减少人体疲劳；另一方面又要求家具储存方式合理，储存数量充分，满足存放条件（图 4-4-24 和图 4-4-25）。

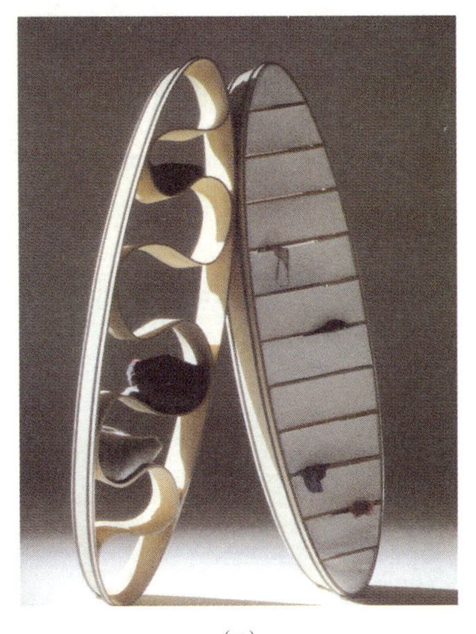
(a)

(b)

(c)

(d)

(e)

图 4-4-24 柜架造型一组

图 4-4-25 组合式书柜（设计：赵杨）

设计灵感来自于鱼。鱼跟雁一样，可作为书信的代名词。"鱼"与"余"谐音，所以鱼象征着富贵。此组书柜采用流畅的曲线和新颖的色调突出其独特的时尚感，因为它的颜色很多，一次把几张不同颜色的透明椅子搬回家，肯定能让空间变得灵动而又充满生气。鱼尾和鱼头分别设计组合式凳子，方便主人阅读及查看资料。

### 4.4.3.1 储存类家具与人体尺度的关系

我国相关的国家标准规定柜高限度为 1850mm，在 1850mm 以下的范围内，根据人体动作行为和使用的舒适性及方便性，再可划分为两个区域，第一区域为以人肩为轴，上肢半径活动的范围，高度定在 650 ~ 1850mm，是存取物品最方便、使用频率最多的区域，也是人的视线最易看到的视域。第二区域为从地面至人站立时手臂下垂指尖的垂直距离，即 650mm 以下的区域，该区域存储不便，人必须蹲下操作，一般存放较重而不常用的物品。若需扩大储存空间，节约占地面积，则可设置第三区域，即橱柜的上空 1850mm 上的区域。一般可叠放柜架，存放较轻的过季性物品（如棉絮等）（图 4-4-26）。

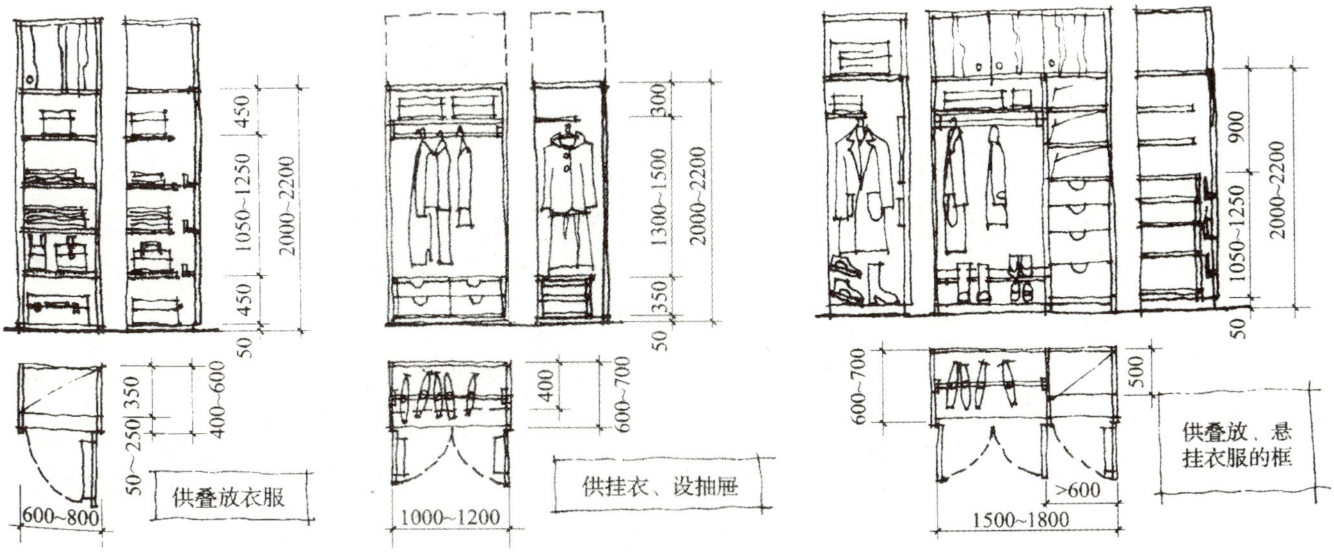

供叠放衣服

供挂衣、设抽屉

供叠放、悬挂衣服的柜

图 4-4-26 柜类家具储物分区

在上述储存区域内根据人体动作范围及储存物品的种类可以设置格板、抽屉、挂衣棍等。在设置格板时，格板的深度和间距除考虑物品存放方式及物体的尺寸外，还需考虑人的视线，格板间距越大，人的视域越好，但空间浪费较多，所以设计时要统筹安排。

至于橱、柜、架等储存类家具的深度和宽度，是由存放物的种类、数量、存放方式及室内空间的布局等来确定，在一定程度上还取决于板材尺寸的合理裁割及家具设计系列的模数化（图 4-4-27）。

图 4-4-27 衣帽间

#### 4.4.3.2 储存类家具与储存物的关系

储存类家具除了考虑与人体尺度的关系外，还必须研究存放物品的类别与方式，这对确定储存类家具的尺寸和形式起着重要作用。

一个家庭中的生活用品是极其丰富多彩的，从衣服、鞋、帽到床上用品，从主副食品到烹饪器具、各类器皿，从书报期刊到文化娱乐用品，以及其他日杂用品，这么多的生活用品，尺寸不一，形体各异，要力求做到有条不紊，分门别类地存放，促成生活安排得条理化，从而达到优化室内环境的作用（图 4-4-28）。

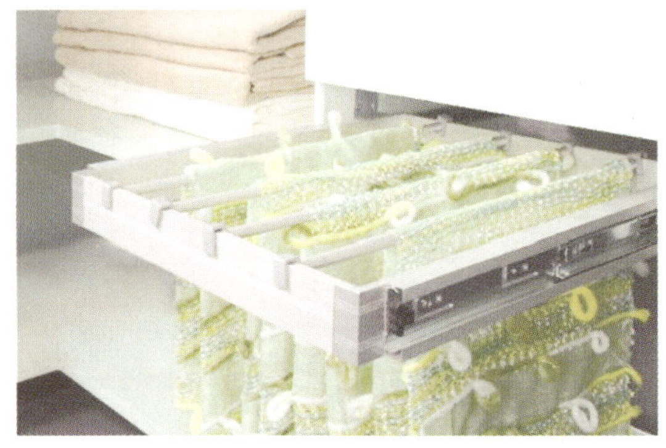

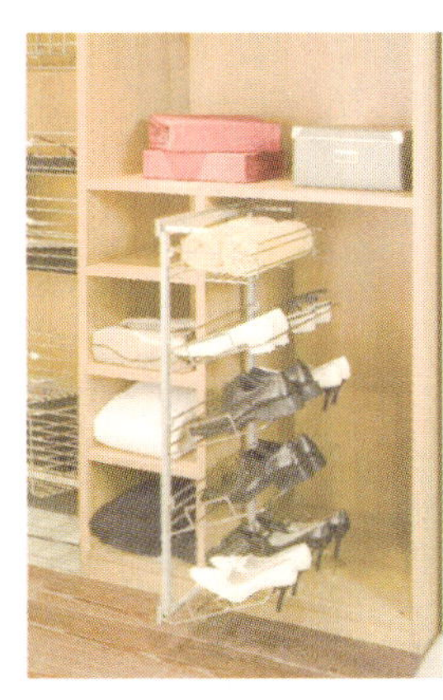

图 4-4-28 分门别类存放物品系列图

电视机、组合音响、家用电器等也已成为家庭必备的用具设备，它们的陈放和储存类家具也有密切的关系，一些大型的电气设备如洗衣机、电冰箱等是独立落地放置的，但在布局上尽量与橱柜等家具组合设置，使室内空间取得整齐划一的效果。

针对这么多的物品种类和不同尺寸，储存类家具不可能制作得如此琐碎，只能分门别类地合理确定设计的尺度范围，见表 4-4-9。

表 4-4-9　　常用家具物品收藏规则

<table>
<tr><th>高度（mm）</th><th colspan="5">收藏规则</th><th>开启方式</th></tr>
<tr><td>2400</td><td rowspan="2">衣服类</td><td rowspan="2">餐具食品</td><td colspan="2" rowspan="2">文化用品</td><td rowspan="2">装饰类</td><td rowspan="2"></td></tr>
<tr><td>2200</td></tr>
<tr><td>2000</td><td>不常用品</td><td colspan="4">保存食品备用餐具</td><td>不适宜抽屉</td></tr>
<tr><td>1800</td><td>季节用品</td><td>易耗存品</td><td colspan="3">贵重品</td><td rowspan="2">适宜开门、移门</td></tr>
<tr><td>1600</td><td>帽子</td><td>罐装食品</td><td colspan="3">中小型杂件</td></tr>
<tr><td>1400</td><td rowspan="3">上衣<br>大衣<br>儿童服<br>裤子<br>裙子</td><td rowspan="3">中小瓶类<br>调料<br>筷子<br>叉子、刀具<br>勺子等</td><td rowspan="2">常用书籍<br>期刊杂志</td><td rowspan="2">欣赏品</td><td rowspan="5">视听<br>设备</td><td rowspan="2">适宜开门、移门</td></tr>
<tr><td>1200</td></tr>
<tr><td>1000</td><td colspan="2">文具</td><td rowspan="3">适宜开门、翻门</td></tr>
<tr><td>800</td><td colspan="4" rowspan="2"></td></tr>
<tr><td>600</td></tr>
<tr><td>550</td><td rowspan="4">不常用服装类</td><td rowspan="4">大瓶类<br>烹饪用品</td><td colspan="2" rowspan="4">不常用品、书本</td><td rowspan="4">CD 片<br>DVD 片</td><td rowspan="4">适宜开门、移门、抽屉</td></tr>
<tr><td>400</td></tr>
<tr><td>200</td></tr>
<tr><td>150</td></tr>
</table>

## 课题设计

[ 设计内容 ]

为两种不同的空间（商业空间、办公空间）环境设计家具

为室内设计在空间定义性质后，家具就成为环境中功能的主要构思因素和氛围的表现者。在某一个特定的环境中，家具的设计及放置必须要满足这个环境的功能需要。与环境特点相得益彰，交相呼应。

[ 命题要点 ]

（1）为商业空间和办公空间设计的家具——由于两个空间的环境性质特点截然不同，所设计的家具必须满足不同空间的功能要求，如展示家具提供休息，方便交流，办化家具满足开放式办公或封闭式办公式的特点，家具是否具有多功能等。

（2）家具尺寸符合商业和办公家具人机工程学要求，家具尺寸设计要考虑到人的物理尺度，如视高、坐高、视野的大小等。

（3）按照商业和办公家具造型设计要求进行设计，必须与环境相配合，注意运用形式美法则的特点，各种家具统一放置于相应的环境中，设计时要考虑到家具的配套性和系列性，它们应在外形、色彩、材料、构思方面具有内在的联系。

[ 重点注意 ]

这次练习可以和室内设计专业中的商业空间设计、展示空间设计、办公空间设计等课程相结合，在之前已经接触过的室内设计主体和内容后，在围绕同一主题设计家具时，各种家具既要保持一家的联系，又要考虑因功能的区别、放置位置不同等要素进行区别设计。如商业空间中家具的尺度问题、材料问题应与其他空间的家具相区别。

[ 时间安排 ]

共 4 周

第 1 周：设计对象分析、查找资料和构思草图。

第 2 周：方案讨论。

第 3 周：方案的推敲（三视图、效果图的制作）。

第 4 周：展板的整理和后期设计说明的制作。

## 作业与思考题

1. 家具分类的三种基本方法是什么?

2. 任取生活中的一件现代实物家具产品，如课桌、课椅，测绘出三视图和家具节点大样图。

# 学生作品赏析

**示例一：Vigor sofas 商业空间家具设计**（设计：罗晓 ）

设计简评：

Vigor sofas 创意来自冰山一角，L 形的设计更易表现出造型内涵。Vigor 意为“充满活力，生命锐丽”的意思，这个设计将冰冷的高反光塑料贴面与柔软的坐垫相结合，在形式上有所呼应，在材料和色彩感觉以及体验上产生很大对比，给人以强烈的视觉冲击，在坐上体验后，又能有别致的舒适感受。沙发下暗藏灯槽，在无光空间内，就像一件尘封的展示精品一样，亦能呈现出它的所在。适合摆放在展厅、酒店等充满新锐设计的场所。能配合建筑通过自身造型散发出其特有的光芒色彩。

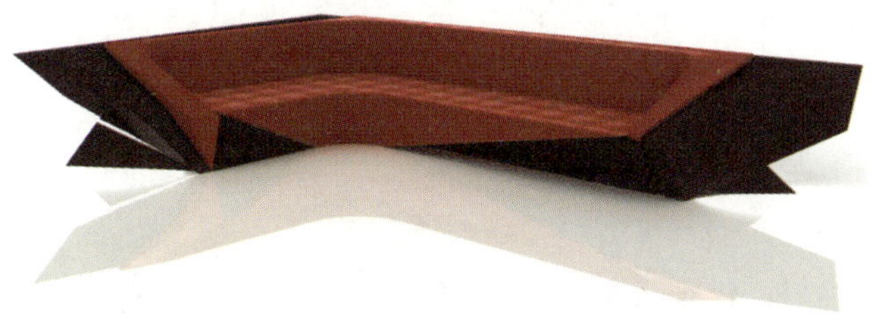

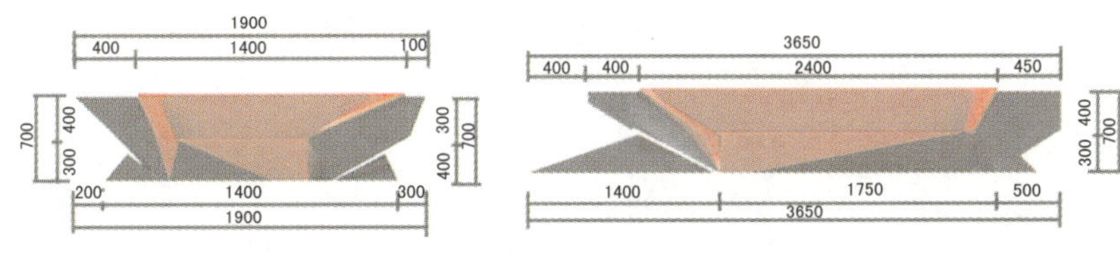


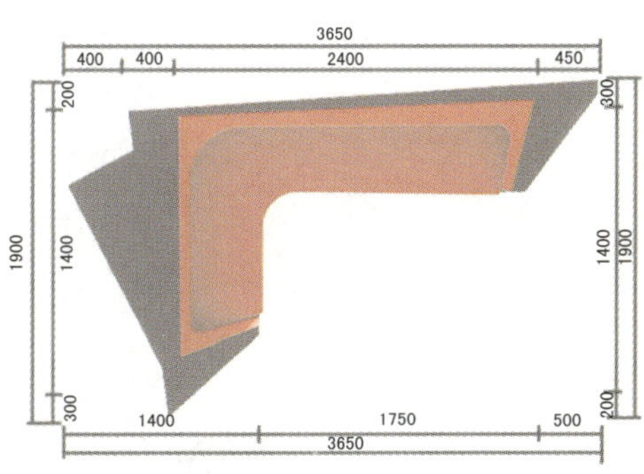

家具在空间中的展示效果

家具与商业展示空间相呼应

示例二：S 形办公桌设计（设计：应虎君）

设计简评：

S 形办公桌整体造型简洁，色彩古朴、优雅，具有趣味性和实用性。巧妙地利用曲线形边角，体现现代人的自由、轻松、随意感觉。

详细尺寸：2100mm × 1800mm × 800mm

使用功能：

可以作书桌和办公桌使用。

作品获得 2008 年度“圣奥杯”家具比赛入围奖。

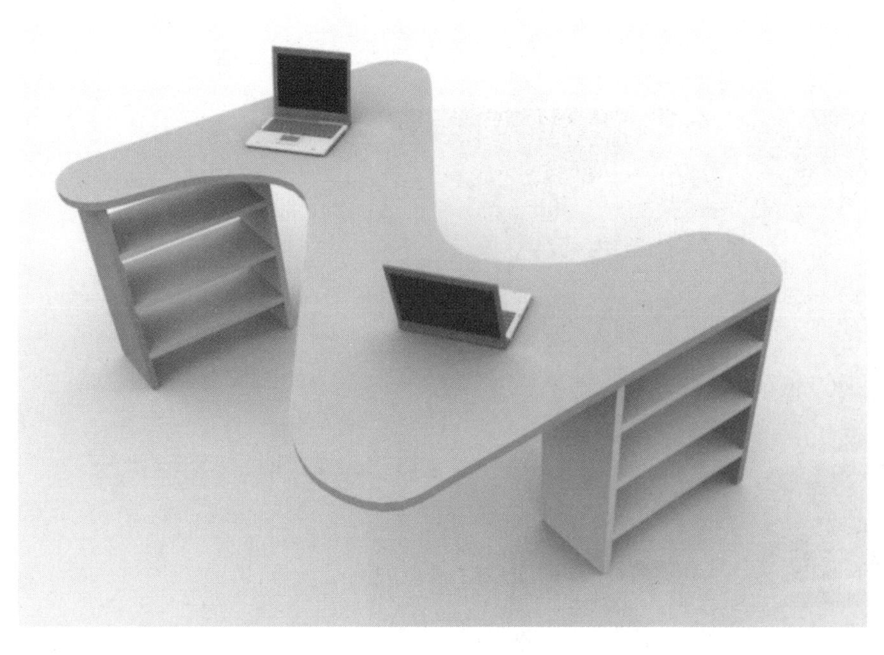

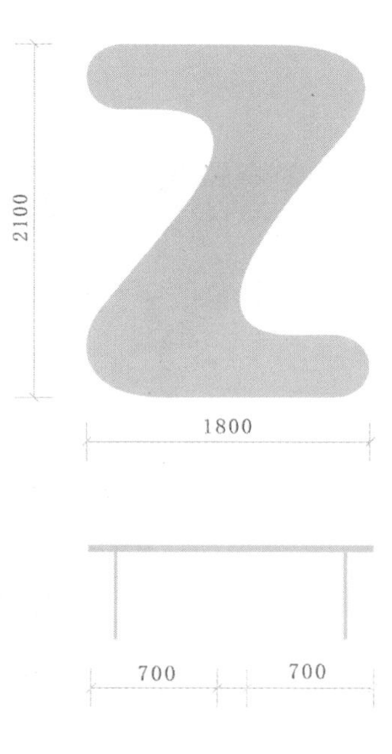


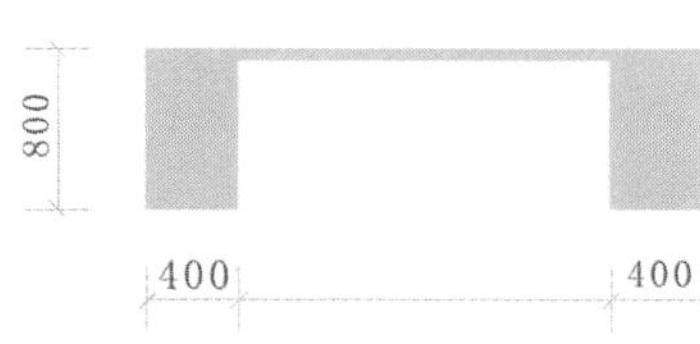

**示例三：转与动**（设计：许秋霖）

设计简评：

转与动是一个旋转式的办公室办公桌。它可以实现多角度的变化，空闲下班时可以组合起来，或者开公司会议可以组合起来作小型会议桌。不但节省空间而且富有趣味，可以把它旋转成你喜欢的角度，就能创造出一个独一无二的格局，适应多变性的办公室，合理充分利用了空间。整体设计能使办公室变得更有活力和创意。采用木材设计，达到自然。整个设计给你带来不同的办公氛围，为你一天的工作起个好头。

**示例四：图书馆书桌、书架设计**（设计：江娟）

设计简评：

此设计为图书馆的书桌，木质结构，易于清洁，更给人以古朴的感觉。书桌设计元素是由破折号变形而来，抑或是想起《转角遇到爱》。书桌台面的镂空处安装不锈钢管，可以放置书本，功能齐全。图书馆是学习的地方，在那里会发生很多美好的故事，通过转角，通过峰回路转，相信会有更美的风景。作品获得 2008 年度“圣奥杯”家具比赛入围奖。

**示例五：转身的距离（设计：张瑞）**

设计简评：

SOHO 作为一种时尚、轻松、自由的生活方式和生活态度让家庭办公也能创造无限可能！这是一个多功能家庭办公桌。外形简洁大方，结构上的设计使电脑桌和书桌合二为一，并且各自独立又相连，创造出一个独一无二的温馨而又浪漫的办公空间。

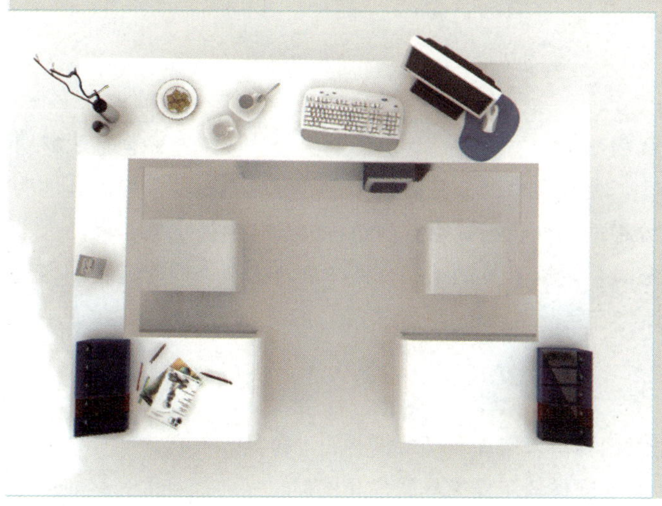

# 第5单元 家具设计材料与结构工艺

**学习目的**

家具的材料与结构是实现家具产品的物质基础与条件。根据不同的设计要求选择合适的材料和相应的结构，再采用合适的技术才能使构思中的家具得以实现。学习了解并掌握家具结构设计与制造工艺，主要学习了解传统柜式与现代板式家具的结构设计与制造工艺，同时也了解学习软体家具、金属家具、塑料家具、竹藤家具的结构设计与制造工艺，同时还要学习现代家具五金配件与连接件的结构设计与应用。

**学习重点**

（1）了解家具的结构形式，并根据设计要求来选择正确的结构设计家具。

（2）通过对材料的加工实践，用一些常规材料制作简单的家具模型。

比利时设计师凡·德·费尔德说过："设计的最高原则是工业与艺术的完美结合。而这种结合又体现在三个方面：产品设计结构合理、材料运用严格准确、工作程序明确清楚。"

家具结构设计与制造工艺是现代家具设计至关重要的课题与内容。由于中国几千年来的传统教育思想一直是重理论、轻实践，导致了我国的艺术设计教育往往偏重在艺术造型、色彩线条、美学构成等方面的教学与训练，大量的家具设计只停留在纸面的效果图和平面制图上，学生不能自己动手用真实的材料和真正的结构去设计制造三维立体的家具模型和家具成品，尤其是在家具结构与制造上一直偏重于传统木制家具的结构与制作，对现代家具工业化制造和现代材料结构设计缺乏系统的研究与学习。

所以，家具设计材料、结构及加工工艺也是本书编写的重要内容，在本单元分别对传统与现代家具的结构设计与制造工艺分别进行阐述，并结合大量的实际案例进行说明，尤其是吸取了国际上现代家具中木质家具、现代软体家具、充气家具、塑料家具、金属家具以及现代五金配件的结构设计与应用进行了较为翔实的论述，并附以大量的图例说明。在家具结构设计与制造工艺的教学过程中，可以灵活地结合当地的各类家具制造工厂，学校的家具实训实验室以及具体的家具成品进行实践性学习与训练，根据教学内容需要，准确而详细地对不同类型的家具实物产品，实施细化分解结构设计与制造工艺教学法，大量用案例教学，示范教学和现场教学方法，并辅以大量的动手训练，才能真正学习和掌握现代家具结构设计与制造工艺。

# 5.1 木质材料的特点和种类

## 5.1.1 木质材料

木材是一种质地精良而感觉自然优美的天然材料，也是一种沿用最久且用途最为广泛的家具用材。木材质地精致、坚硬，韧性极佳，易于加工便于维修，使用简单工具就可以进行锯、刨、钻、旋、雕刻和弯曲等。其纹理有的细密而均匀，有的粗直而不规则，还有旋形、纹形、浪形等，再加上表面的油漆处理之后，具有润泽光洁之感，所以，木材在家具中得到极为广泛的应用（图 5-1-1 ~ 图 5-1-4）。

图 5-1-1 拜伦扶手椅（胡桃木）

图 5-1-2 柚木公共休息桌

图 5-1-3 陈列架（松木）

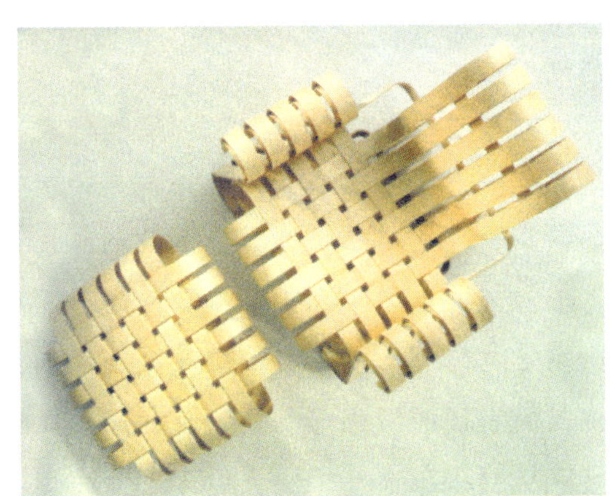

图 5-1-4 可弯曲胶合板椅

### 5.1.1.1 实木

1. 实木材料的特点

实木是家具中应用最为广泛的传统材料，至今仍然在家具设计中占有重要的地位，其特点是质量轻而强度高，加工方便、热阻、电阻较大，隔音效果好，而且具有美丽的天然纹理和色泽。缺点是容易受潮易变形。

2. 实木材料的种类

实木的种类包括：各种板材、方材、曲木等。

（1）板材。厚度在 18mm 以下的板材是薄木，中板的厚度为 19 ~ 35mm，厚板的厚度在 36mm 以上。

（2）方材：宽度不足厚度 3 倍的木材称为方材。有小方、中方、大方之分。

（3）曲木：指弯曲的木材。用于制造家具的曲木有通过锯子加工而成的，也有利用特殊的弯曲方法（如蒸汽压膜法）制成的。

### 5.1.1.2 人造板

1. 人造板的特点

很多原材料的理化性不是很好，如强度、韧度、耐磨度、耐水性、耐热性等指标都难以承担一些职能。为了提高自然材料的性能，人们通过对结构方式进行重新组合结合，并利用现代的工艺方法来改善它们的理化性能。可以通过改变材料的结构方式来提高材料的性能，也可将多种性能互补的材料复合在一起。制造成各种结构板材。可以节约大量的天然木材，有利于保护生态环境。人造板型材具有轻薄、平整、高强度等性能，可以克服原料的缺陷，供以后的二次加工再成型使用。因而成为现代家具设计中常用的材料。但其缺点是人造板中的胶合剂会散发出对人体有害的气味，需要较长时间才能完全挥发。

2．人造板的总类

人造板主要包括：胶合板、刨花板、纤维板、细木工板、空芯板等。

（1）胶合板。胶合板由3层以上、层数为奇数、每层厚度为1mm左右的薄木板胶合压制而成。胶合板各层之间的木纤维方向互相垂直。胶合板幅面大而平整，尺寸准确而厚度均匀，适合用作家具的各种门、顶、地面板等大面积板状部件（图5-1-5）。

图5-1-5　胶合板

（2）刨花板。刨花板利用木材加工过程中的边角斜料，切削成碎片后加胶热压制成。刨花板常用于桌面、床板和各种板式柜类家具。各种刨花板的厚度有13mm、16mm、19mm、22mm（图5-1-6、图5-1-7）。

图5-1-6　刨花板

图5-1-7 甲骨文坐椅

[图片来源：1000new eco designs and where to find them]

这里将这款坐椅称作甲骨文坐椅，这是一款非常现代的坐椅，只是坐椅的外形模仿了甲骨文。而且这还是一款环保坐椅呢！是用刨花板的材料制成，其中添加的工业原料完全符合健康标准，在坐椅的最外层用毛毡覆盖着，有一种很卡通的感觉。可以将它们很轻松地堆放在一起，适合小朋友们使用。

（3）纤维板。纤维板是利用木材加工过程中的边角料，经过粉碎、制浆、成型、干燥、热压制成的一种人造板。纤维板分为硬质、半硬质、软质三种，具有结构均匀、质地坚硬。幅面大等特点（图5-1-8）。

图5-1-8　纤维板

（4）细木工板。细木工板指用胶合板做覆面板，中间紧密地填充细木条的人造板（图5-1-9）。

（5）空芯板。空芯板指用胶合板、平板做覆面板，中间填充一些轻质材料，经胶压制成的一种人造板。空心板的种类较多，如方格空芯板、木条空芯板、纸质蜂窝板、发泡塑料空芯板等（图5-1-10）。

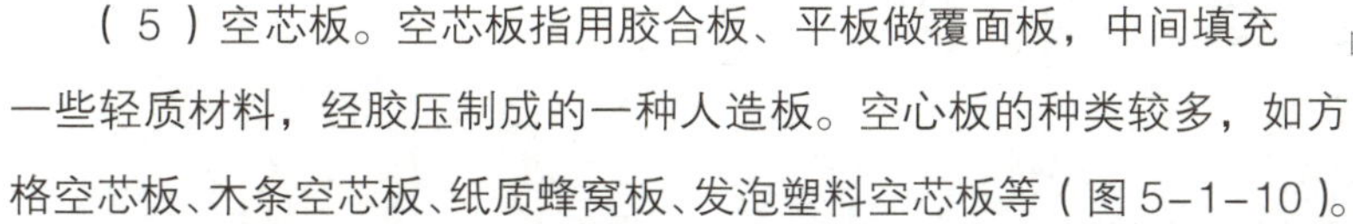

图5-1-9　木工板

图5-1-10　蜂窝板

（6）饰面板。饰面板全称为装饰单板贴面胶合板，它是将天然木材刨成一定厚度的薄片，黏附于胶合板表面，然后热压而成的一种用于室内装修或家具制造的表面材料（表5-1-1）。

表 5-1-1　　饰　面　板

| 木质实样 | 普通名称 | 简介 | 可取性 | 价格 | 主要用途 |
|---|---|---|---|---|---|
| | 胡桃木 | 中等重量、硬度、强度、刚性及较好的耐撞击性质。木理从不明显到非常明显。心材在阔叶树种中为耐久性最好的心材之一 | 板材及薄片均容易取得 | 高价位 | 板材、壁板、门橱柜、饰条及地板 |
| | 橡木 | 边材是苍白色，心材从淡粉红变化到深红棕色。孔隙多，且有生动的条纹。非常坚硬与强韧，砂磨性良好，具有非常明显的粗木理条纹。橡木对木工与消费者而言，是最受欢迎的阔叶材 | 板材及薄片均容易取得 | 中、高价位 | 从地板到家具、橱柜，橡木可作家居制品广泛应用 |
| | 红枫 | 木粉红白色，从边材开始有明显斑点。平淡的木理图案，容易起毛。木材红棕色具有暗条纹，通常纹饰富丽。红枫木具有中等重量，硬度及紧密的木理，但是强度不高 | 板材及薄片均容易取得 | 中价位 | 家具及橱柜 |
| | 柚木 | 落叶乔木，木材暗褐色，坚硬，耐腐蚀，纹理明显，涂装及保漆力、涂亮漆及染色都极好。产于泰国及东南亚等地 | 板材及薄片均容易取得 | 中、高价位 | 用于造船、车、家具，也供建筑用 |
| | 红木 | 此木材生长在孟加拉、阿萨密、孟买和缅甸的潮湿森林中。主要用来制作高级家具。心木部分是商业上有用的木材，它很光滑，纹理致密，触感凉，相当硬而非常耐久，略带芳香易于加工，能磨出光亮 | 板材及薄片均容易取得 | 高价位 | 家具、橱柜、内装材料及木制品 |
| | 紫檀 | 该木异常坚硬，有粗而密的纹理和光亮的表面。直径 10cm 木料，需要生长千年，所以有“寸檀寸金”之说 | 板材及薄片均容易取得 | 高价位 | 家具、橱柜、内装材料及木制品 |
| | 花梨木 | 从宋朝起甚至更早，直到清朝初期，高级花梨木一直是制造日用家具的常用原料。心木为深红褐色，边材粉褐色，纹理致密，质地细腻，很硬且很重；风干后只有很少的径向裂缝。主要产于云南、广东等地 | 板材及薄片均容易取得 | 高价位 | 家具、橱柜、内装材料及木制品 |
| | 榆木 | 心材红棕色到深棕色，边材狭窄，由灰白色到淡棕色。木理图案明显，材质重、硬，强度高，粗木理 | 薄片及板材有限 | 中价位 | 家具、曲柄新型制品、木制工具容器及壁板 |
| | 南方松木 | 南方松木可以从宽的黄白色边材及窄的红棕色心材加以鉴别。图案由素净到多节皆有。中等重量，硬度、强度、强韧、抗冲击性中等 | 板材及薄片均容易取得 | 中价位 | 框架、覆板、地板下层、托梁、内装材料、建筑内装及家具 |
| | 椴木 | 乳白色到淡棕色，木理紧密、不明显。是一种轻、软的木材，胶粘性良好，是极优良的木工教学材料 | 板材容易取得，少用于薄片 | 低价位 | 容器、木制用具新型、成型器具、暗板、乐器、拼板木心板及薄片嵌条 |

## 5.1.2 木质材料家具的结构

### 5.1.2.1 实木家具的结构设计

传统家具是手工时代对自然原始木材加工的结果。它的成型完全受木材自身的特点所局限。材料的属性是成型方法的关键。也决定了所能成就的外观造型。

由于依赖自然原始木材，因此产生了围绕木材属性而展开的一系列的成型法。如锯、刨、凿、钻等切削加工，可称之为减法加工；胶、钉、榫结等成型加工，可称之为加法加工。

框式家具是指以榫结合的框架为结构的家具，是中国传统的结合方式，其结构的合理与否直接影响到家具的美观性、接合强度和加工工艺。

1. 实木家具的接合方法

实木家具的零部件都是按照一定的接合方式装配而成，最常用的方法有：榫接合、胶接合、木螺钉接合、连接件接合。

（1）榫接合。榫接合是指榫头压入榫眼或榫槽的接合，结合时通常都要施胶。其各部位的名称如图5-1-11所示。

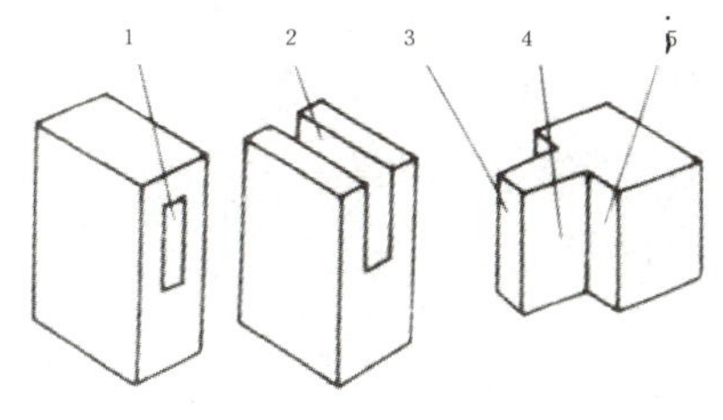


图 5-1-11 榫接合各部位名称
1-榫眼；2-榫槽；3-榫端；4-榫颊；5-榫肩

按照不同的分类方式，榫可以分为不同的类型，按榫头的形状不同，可将榫分为：直角榫、燕尾榫、圆（棒）榫、椭圆榫，如图5-1-12所示。

（2）胶接合。胶接合是指单纯用胶来粘合家具的零部件或整个制品的接合方式。胶接合运用广泛，短料接长、窄料拼宽、薄板加厚、空芯板的覆面胶合以及单板多层弯曲木的胶合等。

胶接合还被应用于其他接合方法不能使用的场合，如薄木贴面和板式部件封边等装饰工艺。

胶接合的优点是可以做到小材大用，劣材优用，节约木材，结构稳定，还可以提高和改进家具的装饰质量（图5-1-13）。

图 5-1-12 榫结合的名称及榫头的形状
1-直角榫；2-燕尾榫；3-圆棒榫；4-椭圆榫

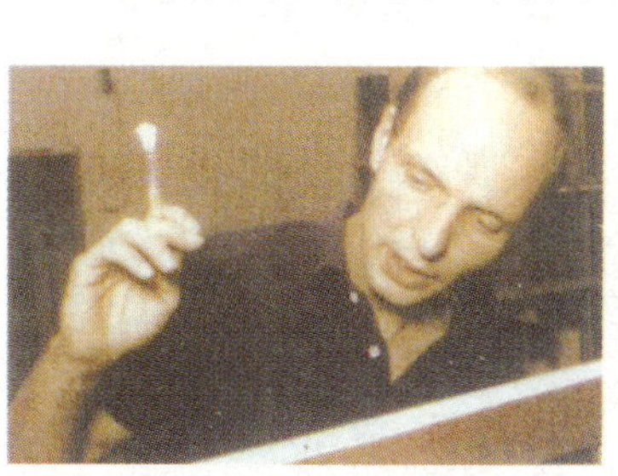

图 5-1-13 用胶合法设计的桌子
木板被分割成五个部分，连接部位打磨成斜角再用专用的胶水连接。

（3）木螺钉接合。木螺钉通称为木螺丝，是一种金属制的简单的连接构件。这种接合不能多次拆装，否则会影响制品的强度。木螺钉接合比较广泛地应用于家具的桌面板、椅坐板、柜面、柜顶板、脚架、抽屉滑道等零部件的固定，拆装式家具的背板固定也可用螺钉连接，拉手、门锁及金属连接件的安装也常采用木螺钉接合。

木螺钉的类型有一字头、十字头、内六角等，其帽头形式有平头和半圆头等，装配时可手工或电动工具进行，常见的木螺钉如图5-1-14所示。

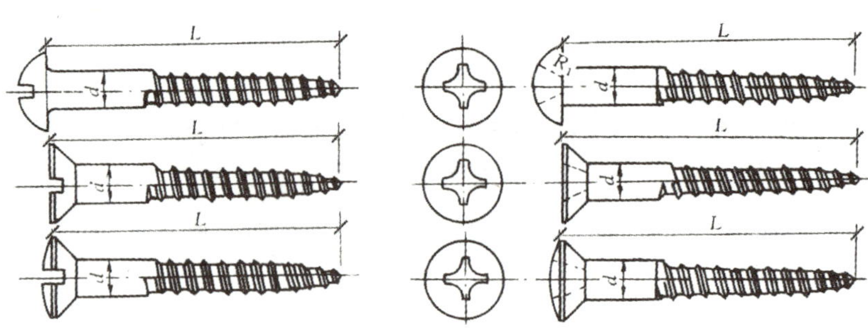

图 5-1-14 常见的木螺钉

木螺钉接合的优点是操作简单、经济且易获得不同规格的标准螺钉。

（4）连接件接合。连接件是一种特制的并可多次拆装的构件。除金属连接件以外，还有尼龙和塑料等材料制作的连接件。对连接件的要求是：结构牢固可靠，能多次拆装，操作方便，不影响家具的功能与外观，具有一定的连接强度，能满足结构的需要。

连接件接合是拆装式家具的主要接合方法，它广泛用于拆装椅和板或家具上。采用连接件接合可以简化产品结构和生产过程，有利于产品的标准化和部件的通用化，有利于工业化生产。也给产品包装、运输和储存带来方便（图 5-1-15）。

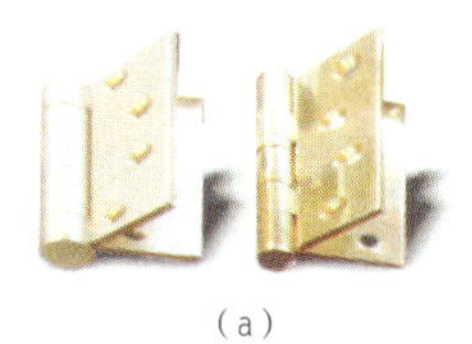

（a）

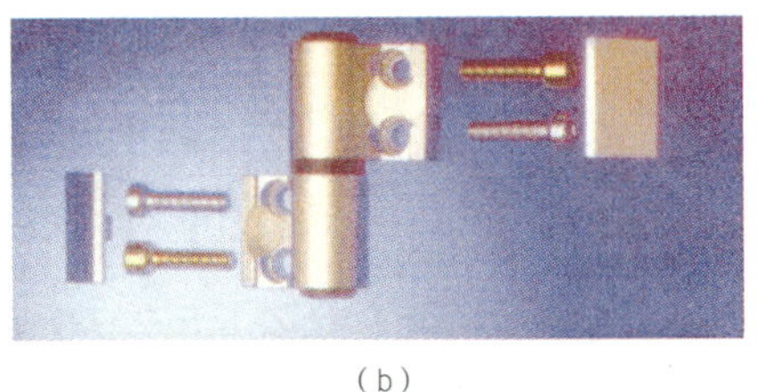

（b）

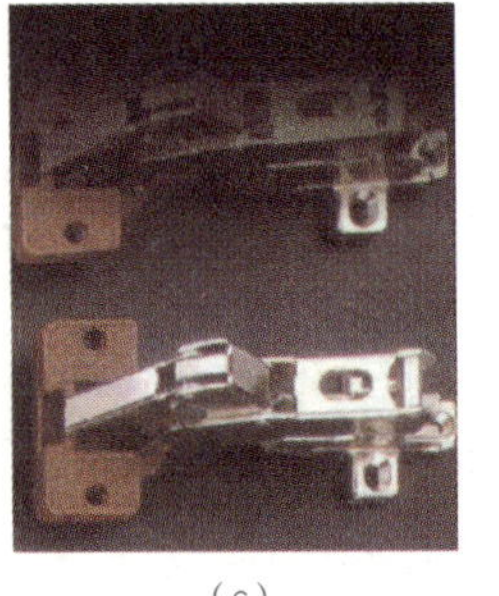

（c）

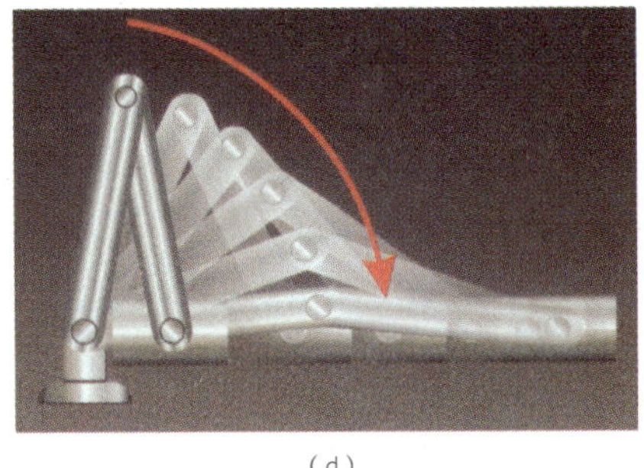

（d）

图 5-1-15 常见的家具连接件

2. 榫接合的分类与应用

（1）单榫、双榫、多榫。按榫头的数目多少来分，榫头又可分为单榫、双榫、多榫。一般的框架接合多采用单榫、双榫，如桌、椅的框架接合。箱框——如木箱、抽屉的接合多采用多榫。对于单榫而言，根据榫头的切肩形式的不同，嵌板结构是框式家具中常用的结构形式，不仅可以节约木材，同时也比整体采用方材拼接稳定，不易变形（图 5-1-16）。

（a）

（b）

（c）

图 5-1-16 单榫、双榫、多榫
（a）单榫；（b）双榫；（c）多榫

（2）明榫、暗榫。根据榫头贯通与否，榫接合又可分为明榫接合与暗榫接合。明榫榫端外露，影响家具的外观和装饰质量，但接合强度大；暗榫可避免榫端外露以增强美观，但接合强度弱于明榫。一般家具，为保证其美观性，多采用暗榫接合，但受力大且隐蔽或非透明涂饰的制品，如沙发框架、床架、工作台等可采用明榫接合（图 5-1-17）。

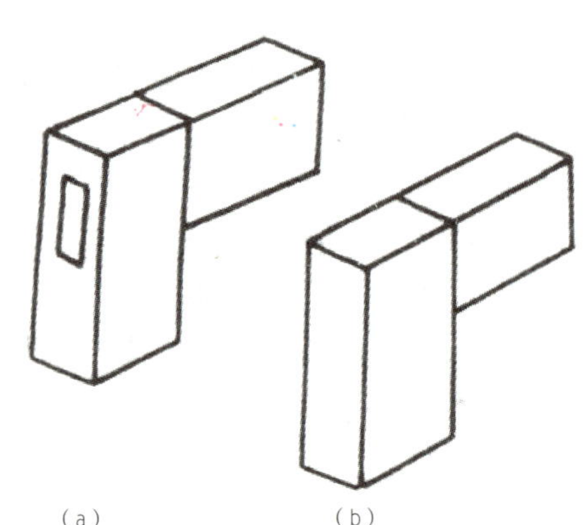

（a） （b）

图 5-1-17 明榫和暗榫
（a）明榫；（b）暗榫

（3）开口榫、半开口榫、闭口榫。根据接合后能否看到榫头的侧边与否，有开口榫、闭口榫、半开口榫之分（图 5-1-18）。直角开口榫加工简单，但强度欠佳且影响美观。闭口榫接合强度较高，外观也好。半开口榫介于开口榫与闭口榫之间，既可防榫头侧向滑动，又能增加胶合面积，兼有两者的特点。

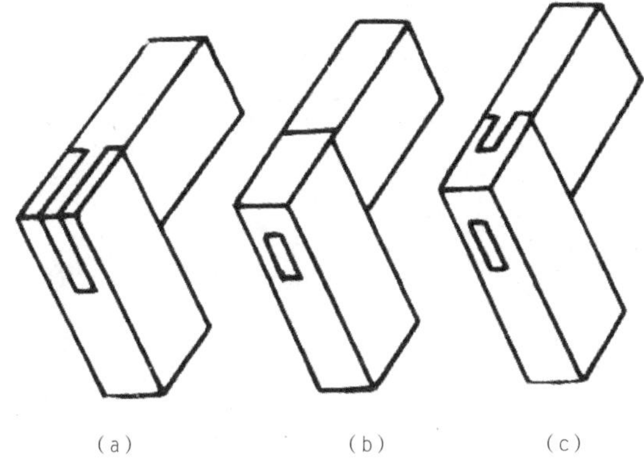

图 5-1-18 开口榫、闭口榫、半开口榫
（a）开口榫；（b）闭口榫；（c）半开口榫

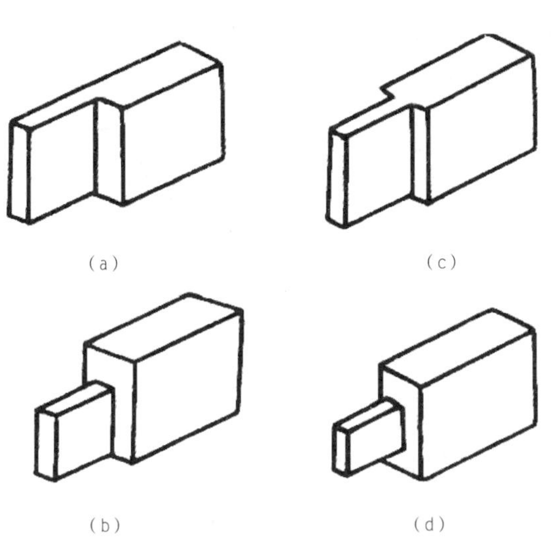

图 5-1-19 单面切肩榫与多面切肩榫
（a）单面切肩榫；（b）双面切肩榫；（c）三面切肩榫；（d）四面切肩榫

（4）单面切肩榫与多面切肩榫。以榫肩的切割形式分，榫头有单面切肩榫、双面切肩榫、三面切肩榫、四面切肩榫（图 5-1-19）。一般单面切肩榫用于方材厚度尺寸小的场合，三面切肩榫常用于闭口榫接合，而四面切肩榫用于木框中横档带有槽口的端部榫接合。

（5）整体榫、插入榫。根据榫头与方材之间是否分离可分为整体榫与插入榫。整体榫是直接在方材零件上加工而成的，如：直角榫、燕尾榫、椭圆榫。而插入榫与零件是分离的，不是一个整体，单独加工后再装入零件预制孔或槽中。如圆（棒）榫、片榫。插入榫主要是为了提高接合强度和防止零件扭动，用于零件的定位与接合。为提高接合强度，圆榫表面常压有储胶的沟纹（图 5-1-20）。

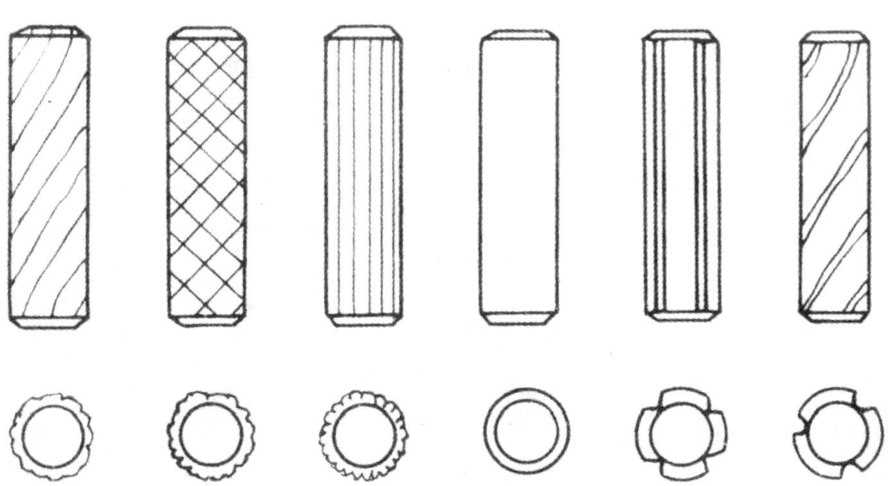
图 5-1-20 压缩沟纹的圆榫

3. 榫接合的技术要求

家具制品被破坏时，破口常出现在接合部位，因此在设计家具产品时，一定要考虑榫接合的技术要求，以保证其应有的接合强度。分为直角榫接合和圆榫接合（图 5-1-21 和图 5-1-22）。

直角榫

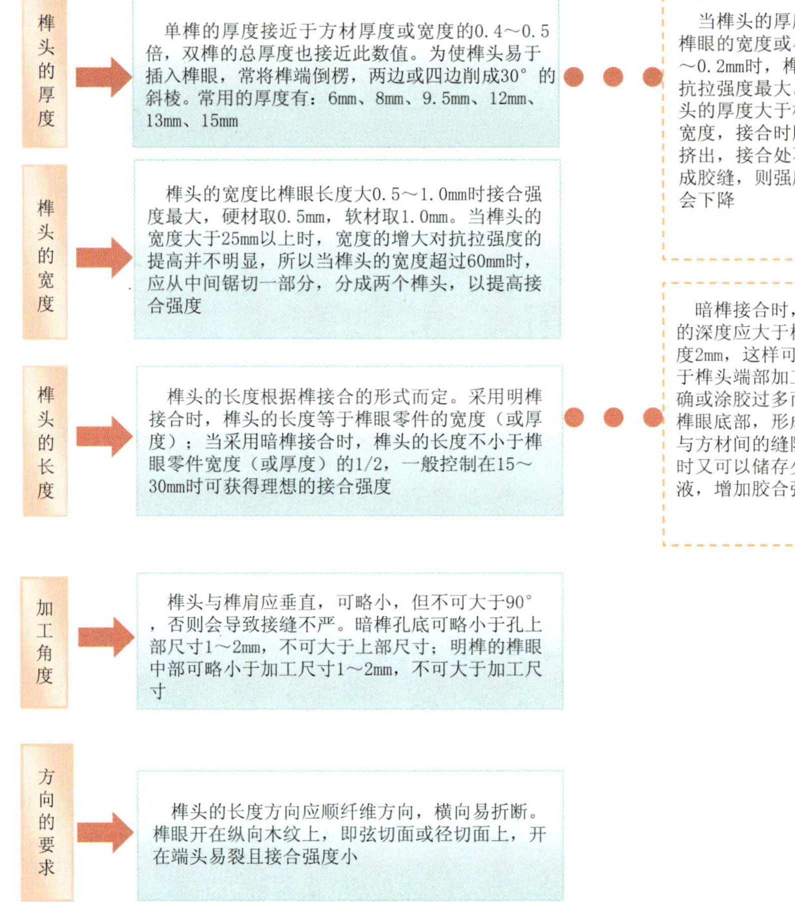

图 5-1-21 直角榫接合

圆榫

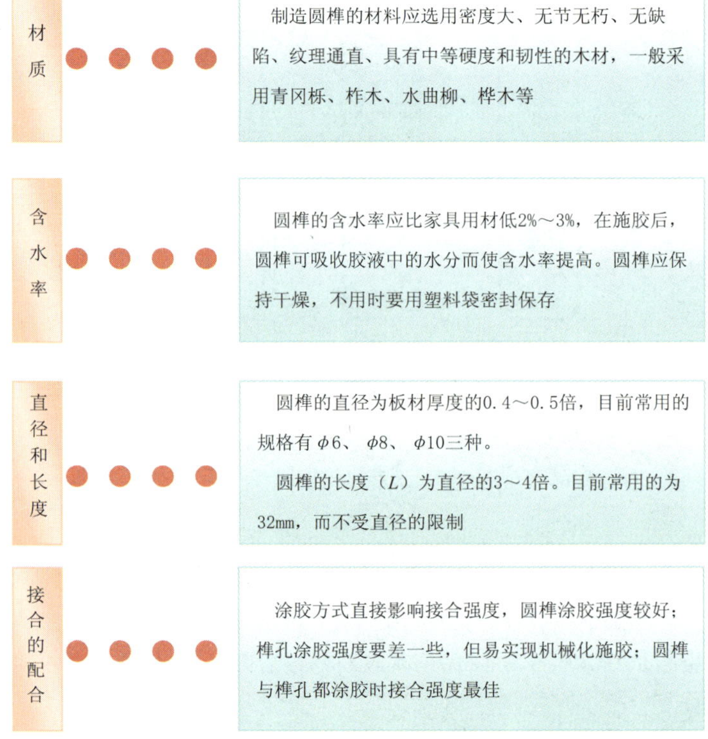


图 5-1-22 圆榫接合

图 5-1-23 以榫接方式作为其结构形式

[图片来源：设计形态语义学]

同时作者还利用这个结构将他设计成折叠产品，既增加了产品的趣味性，又充分发挥了这种结构的特点，构思巧妙。在结构上，他可以折叠成四边形的形式，从而在力学上很牢固。而在形式上，则采用硬朗的线条，简洁的块面，再加上榫接结构所形成的特有细节感，形成独特的形式美。

### 5.1.2.2 曲木结构

曲木结构指家具的主体或主要部件呈弯曲形态的结构。可以利用蒸汽处理使木材弯曲，为家具造型提供新的技术条件，利用木材的弹性原理，把所要弯曲的实木，通过模型的夹具加热加压，使其弯曲成型后制成的家具。

木材是一种富有弹性的材料。弯曲法是将直线形的木材，经过加温后用压力进行弯曲，使木材组织改变。把它的外形固定下来，变成我们所需要的弯曲构件的一种加工方法。它的优点是：节约木材，构件强度好，没有因锯割而产生的截面纹理，装饰效果好。其加工方法有两种：手工加工法和机械加工法。

（1）手工加工法是将要弯曲的地方固定在样模上，用压紧器加压，经过一段时间，等干燥后取出，此方法生产效率低，适用于曲线简单的构件。

（2）机械加工方法是在机床上进行。工艺也不复杂，有两种方法：

1）冷加工法。将蒸煮过的构件置于冷的样模上，然后在加压状态下，连同模具自机床取下干燥。

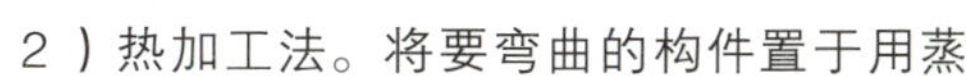

2）热加工法。将要弯曲的构件置于用蒸汽加热的样模上进行弯曲和干燥。

弯曲木家具制作对手工工艺要求严格，非一般木工作坊所能胜任（图5-1-24～图5-1-26）。

图 5-1-24 弯曲木家具结构

图 5-1-25 弯曲木家具

图 5-1-26 时尚弯曲木摇椅

[图片来源：创意家具设计爱好者网站，Topchair]

#### 5.1.2.3 模压胶合板结构

在机械生产化的条件下，用蒸汽压膜人造板的工艺，制造弯曲结构家具。一件弯曲木家具，要由熟练木工经过几十道工序制作生产，制作周期 3 ~ 30 天，整个过程中有 90% 以上的工作都由手工操作完成。原木经传送带送入滚动轧刀，原木被刨削成木皮。裁好后的木皮被送入自动分拣机，根据木皮的质量，木皮被分为 8 个不同的等级。分拣后的木皮被送入车间待用。优等木皮被用于家具表层，次等木皮则被用于中间层。根据产品厚度的需要，不同数量的木皮进行合成，并且相邻两层的木皮纹理呈 45° ~ 90° 交错叠放以增加木板对各方向拉力的承受度。通过模具将人造板塑造成具有一定的弯曲度的形状。模具根据设计的图纸加工完成，复杂的需要更多的模具。成型后的合成板进一步进行裁边和开槽处理。最后进行力学强度的实验。弯曲木工艺改变了木材原来的纹理结构，经过压缩的木材，强度要比实木高 1.6 倍以上，家具受力部件的承受力随之加大 3 ~ 4 倍（图 5-1-27、图 5-1-28）。

图 5-1-27 弯曲胶合板摇椅

[图片来源：创意家具设计爱好者网站，Topchair]

图 5-1-28 弯曲胶合板床头柜

[图片来源：创意家具设计爱好者网站，Topchair]

### 5.1.3 木质家具的生产工艺

#### 5.1.3.1 家具生产工艺

家具生产工艺是指利用各种家具材料，按照设计的技术要求，经过一系列复杂的加工和装饰工艺，而获得一定类型家具产品的全过程。

#### 5.1.3.2 框式家具生产工艺

框式家具生产工艺流程如图 5-1-29 所示。

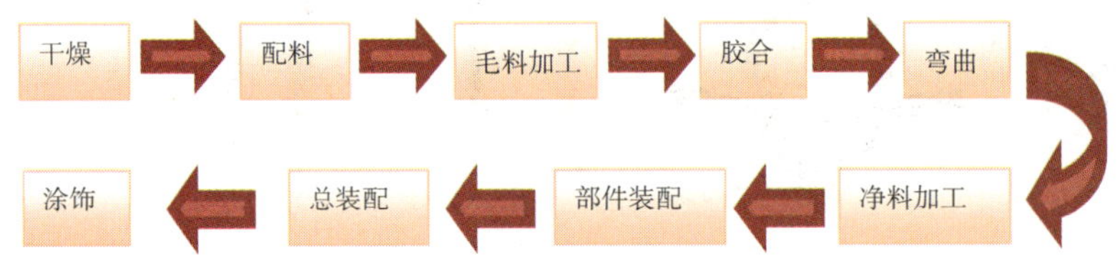


图 5-1-29 框式家具生产工艺流程图

1. 干燥

为了防止加工好的零部件变形、增加尺寸的稳定性，以及提高其表面涂饰的质量，所有的方材、板材在配料前都必需进行干燥。

2. 配料

按照零件尺寸规格和质量要求，将成材锯割成各种规格、形状的毛料的加工过程称为配料。

在配料过程中，最主要应注意四个方面的问题：保证质量、按质选材、配料方案与加工方法、合理确定加工余量。

3. 毛料加工

毛料的加工主要包括两个方面的内容：基准面加工与相对面加工。为了保证后工序的加工质量，必须先在毛料上做出正确的基准面，作为精基准，因此方材毛料加工，总是从基准面加工开始，基准面包括平面、侧面、端面三个面，可根据不同工艺选择加工基准面。基准面的加工一般在平刨或铣床上完成，端面也可在带推架的圆锯或双端锯上加工。

基准面加工后，还需对毛料的其余表面进行刨削加工，使其与基准面之间有正确的相对位置，使毛料具有规定断面尺寸。

4. 胶合

实木材胶合包括：宽度上的胶拼、接长、胶厚三个方面的内容。为了节约木材，在现代家具生产中常会用到贴面工艺，在基材上贴覆装饰性较好的材料，如薄木、胶合板、三聚氰氨纸、木纹纸等。特别是薄木贴面工艺被广泛应用于高档的实木家具产品中，薄木在贴覆前先用剪板机剪裁并用拼缝机拼接，才能上胶贴，采用热压或冷压加压固化，一般采用热压的方式。

5. 弯曲

弯曲零件主要可通过方材弯曲、薄板胶合弯曲、模压成型及锯口弯曲的方法得到。方材弯曲是利用木材本身特性，经木材软化处理后，加压使木材弯曲并干燥定型。木材的软化处理可采用水热处理、高频加热处理及化学药剂处理。薄板胶合弯曲就是将一摞涂胶的薄板加压弯曲，压力保持到胶层固化，而制成弯曲零件。薄板胶合弯曲的重点在于模具的投入设计与制造。模压成型是利用模具，将拌胶（或不拌胶）的木质或非木质碎料，加热加压制成弯曲零件的方法。锯口弯曲可分为纵向锯口弯曲与横向锯口弯曲，是将材料锯口后加压弯曲的方法。

6. 净料加工

方材的净料加工包括：榫头加工、榫槽或榫眼加工、型面加工及表面修整四个方面的内容。榫头利用开榫机或铣床加工。榫槽加工一般在刨床、铣床、或万能圆锯机上完成。榫眼加工一般在钻床或铣床上完成，加工方榫眼须在钻床上装方形套装。型面的加工主要指边角线形与曲面的加工，一般在铣床上加工，部分或利用压刨。表面修整主要用来除去加工所产生的各种表面不平度，加工设备为净光机或砂光机。

7. 部件装配

将加工好的零件组装成为部件，如将方材拼接成面板框架。

8. 部件加工

零件组装成部件后，有的部件需进行进一步的加工；亦可能存在一些误差，需要修整。

9. 总装配

将零件、部件组装成产品。

10. 涂饰

成品一般需经涂饰工艺，可以起到保护与装饰作用。按漆膜是否透明，可将涂饰分为透明涂饰和不透明涂饰。

# 5.2 金属家具材料的结构设计与制造

主要部件由金属所制成的家具称金属家具。金属材料是由金属元素构成，如铜、铁、金、银、锡、铝等。各种金属材料都有其自身的光泽与色彩，是良导体，具有良好的延展性。金属可以与其他金属或非金属元素在熔融状态下形成合金，具有良好的机械性能和光学性能。根据所用材料来分，可分为：全金属家具、金属与木结合家具、金属与非金属（竹藤、塑料）材料结合的家具。

## 5.2.1 金属家具的结构分类及连接形式

### 5.2.1.1 结构分类

按结构的不同特点，我们将金属家具的结构分为：固定式、拆装式、折叠式、插接式。

1. 固定式

固定式指通过焊接的形式将各零部件接合在一起。此结构受力及稳定性较好，有利于造型设计，但表面处理较困难，占用空间大，不便运输。

2. 拆装式

拆装式指将产品分成几个大的部件，部件之间用螺栓、螺钉、螺母连接（加紧固装置）。有利于电镀、运输。

3. 折叠式

折叠式又可分为折动式与叠积式家具。常用于桌、椅类。

（1）折动式家具。折动式家具主要采用实木与金属制作，尤其以金属为最多。折动结构是利用平面连杆机构原理，应用两条或多条折动连接线，在每条折动线上设置不同距离、不同数量的折动点，同时，必须使各个折动点之间的距离总和与这条线的长度相等，这样才能折得动，合得拢（图 5-2-1）。

随着家具产品的日益更新，新的折叠结构及折叠方式被应用于家具设计中(图 5-2-2)。

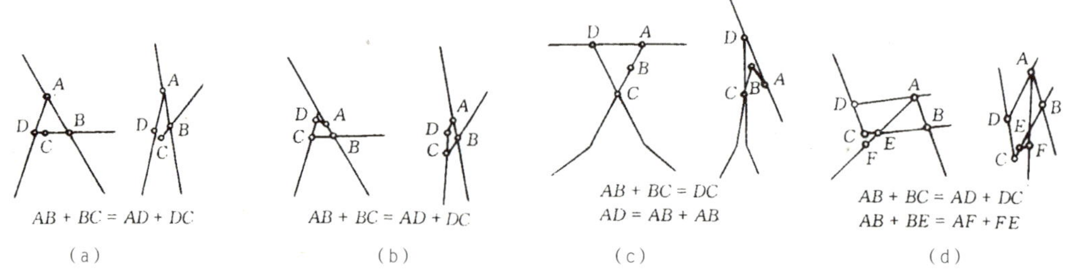


图 5-2-1 折点示意图

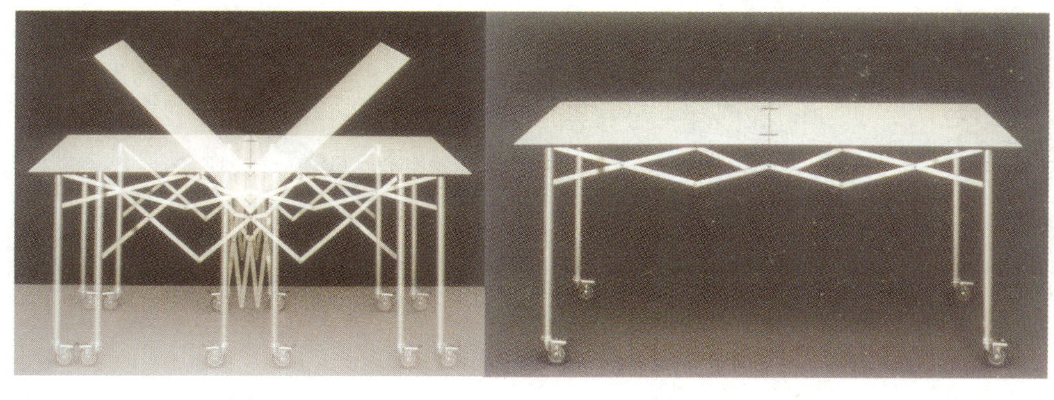

(a) (b)

图 5-2-2 可折叠式餐桌
[图片来源：2001 年国际设计年鉴]

(2)叠积式家具。叠积式家具不仅节省占地面积，还方便搬运。越合理的叠积（层叠）式家具，叠积的件数也越多。

叠积式家具有柜类、桌台类、床类和椅类，但常见的是椅类（图 5-2-3）。叠积结构并不特殊，主要在脚架与背板空间中的位置上来考虑。

(a) (b)

图 5-2-3 金属家具的叠积

4. 插接式

插接式指利用金属管材制作，将小管的外径套入大管的内径，用螺钉连接固定。我们可以利用轻金属铸造二通、三通、四通的插接件。

### 5.2.1.2 连接形式

金属家具的连接形式主要可分为：焊接、铆接、螺栓连接、插接、板材咬缝接合等。

图 5-2-4 焊接

1. 焊接

焊接可分为气焊、电弧焊、储能焊。其牢固性及稳定性较好，多应用于固定式结构。主要用于受剪力、载荷较大的零件（图 5-2-4）。

2. 铆接

铆接主要用于折叠结构或不适于焊接的零件，此种连接方式可先将零件进行表面处理后再装配，给工作带来方便。其强度要视用作铆接的材料和铆接的形式而定，因铆接的材料是经物理变形，已很难恢复再铆，所以铆接的牢固程度仅次于焊接，也是死连接。铆接方式对材料的要求较低，很多材料都可用，不同种材料之间也可用此连接。但须强大的外力方能实施作业（图 5-2-5）。

图 5-2-5 铆接

3. 螺栓连接

螺栓的连接方式也可视为铆接的一种变化形式，同样，其强度视用作螺栓材料和螺栓的形式而定。除了具有铆接的特点

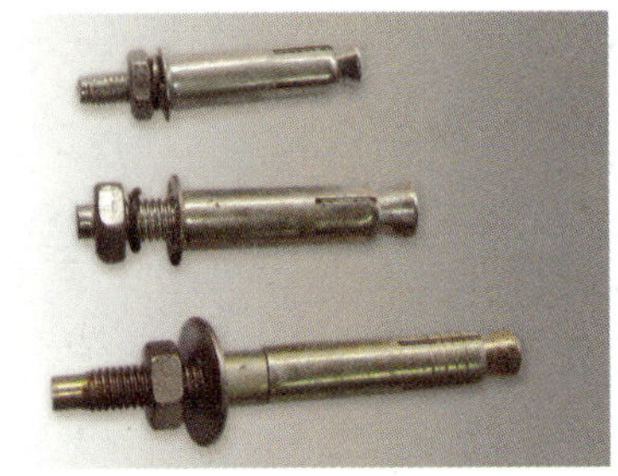
图 5-2-6 螺栓连接

外，螺栓的最大特点是可多次使用，实现部件的可拆装。另外，它对连接工艺的要求降低了，只要有一般小型的或手动的工具就能实施连接作业( 图5-2-6 )。

4. 插接

插接是通过插接头将两个或多个零件连接在一起，插接头与零件间常常采用过盈配合有时也有在零件的侧向用螺钉或轴销锁住插接头提高插接强度 ( 图 5-2-7 )。

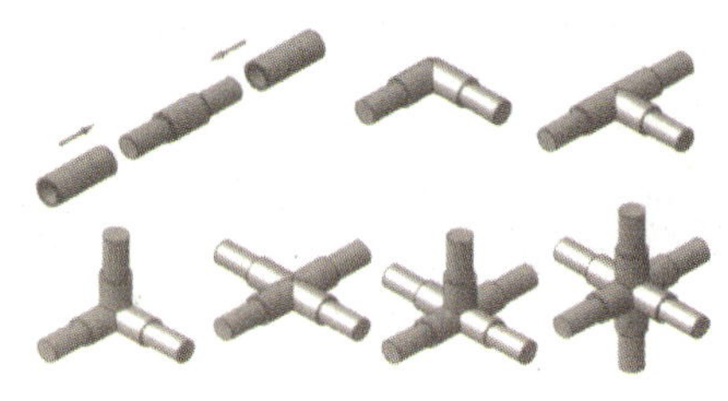
图 5-2-7 插接

5. 板材咬缝接合

板材咬缝接合常用于金属薄钢板间的连接 ( 图 5-2-8 )。

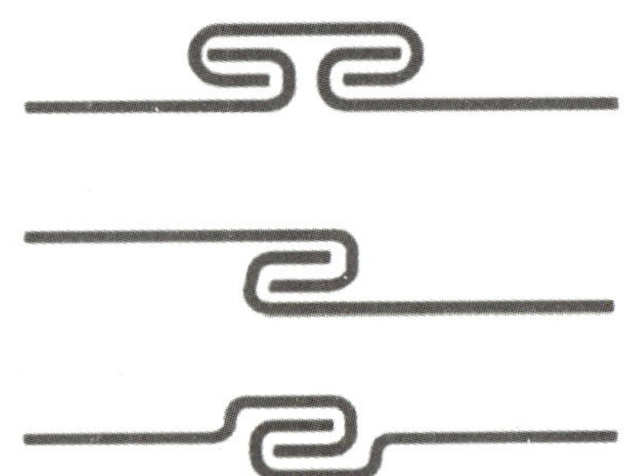
图 5-2-8 板材咬缝结合

### 5.2.1.3 家具结构实例分析

( 1 ) 垂直金属支架部件与水平部件间的螺钉接合。这种接合的特点是接合强度高，便于实现拆装结构 ( 图 5-2-9 )。

图 5-2-9 垂直金属支架部件与水平部件间的螺钉连接

( 2 ) 活动铆接的一个典型例子，折叠桌的腿采用连杆运动机构实现桌腿的展开与收起，连杆机构的铰接点则是由铆钉来完成的 ( 图 5-2-10 )。

图 5-2-10 活动铆接

( 3 ) 一把金属网椅，椅子的主要骨架用金属薄壁钢管弯曲而成，薄壁钢管零件之间采用焊接的方法接合，坐面与靠背材料为金属丝网，金属丝网的交差点上、金属丝与薄壁钢管零件之间用闪光对焊或高频点焊的方法接合 ( 图 5-2-11 )。

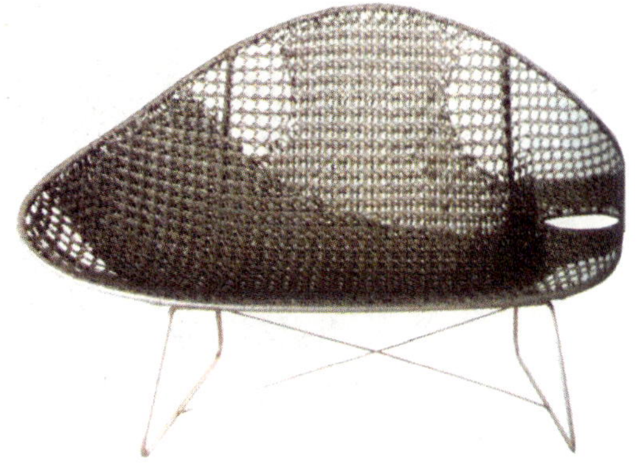
图 5-2-11 金属网椅的焊接

（4）一把三角形小凳，由 3 根钢管、金属连接球、三角形皮革组成。3 根钢管采用插入式的接合方式与金属连接球连接，三角形皮革用吊扣挂在 3 根钢管的端头（图 5-2-12）。

一个快装式金属支架的结构实例。水平的铝合金型材及腿通过三叉型的插接件连接成一体，支架的四周用带锁口的绷带拉紧，防止插接部位的脱落（图 5-2-13）。

图 5-2-12　采用插入式接合方式的三角形小凳

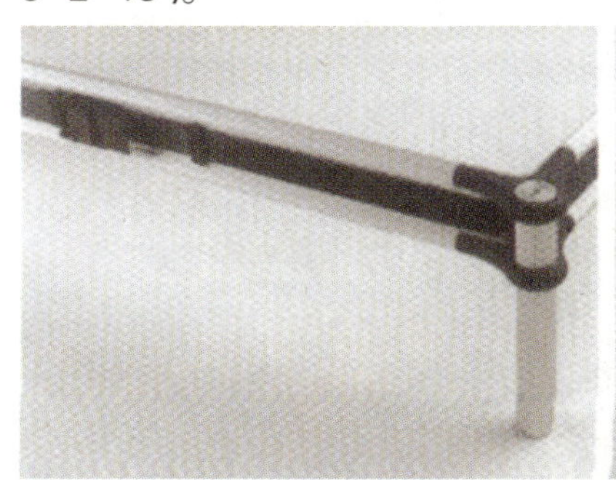
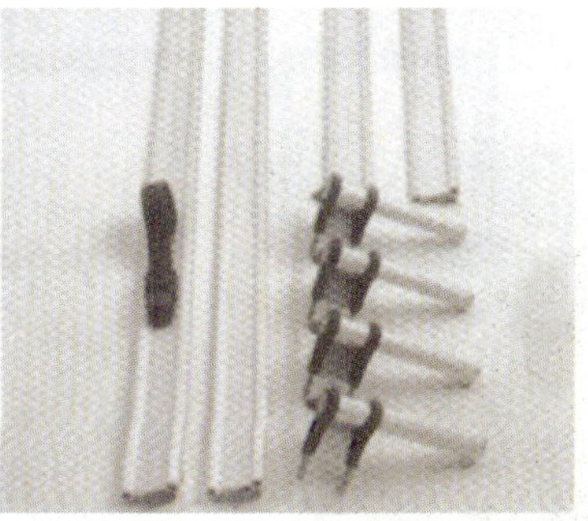

图 5-2-13　采用插接方式的快装式金属支架

## 5.2.2　金属家具生产工艺

金属家具生产工艺流程如图 5-2-14。

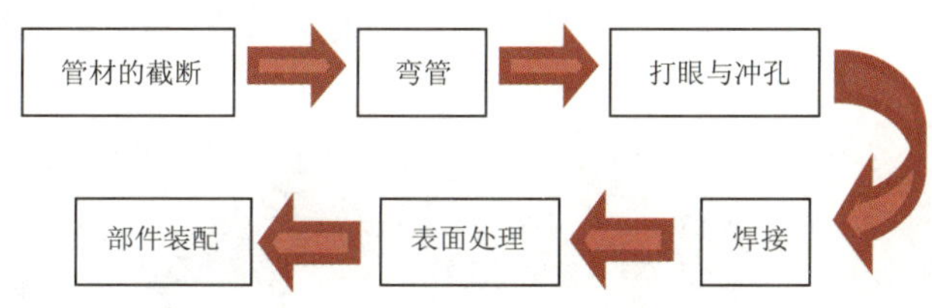


图 5-2-14　金属家具生产工艺流程

1．管材的截断

进行管材截断的方法主要有 4 种：割切、锯切、车切、冲截。其中用金属车床切割的零件端面加工精度较高，一般用于管材需要使用电容式储能焊的零件加工；而冲截生产效率高，但冲口易产生缩瘪，因此应用面较窄。

2．弯管

弯管一般用做支架结构中，弯管工艺是指在专用机床上，借助型轮将管材弯曲成圆弧形的加工工艺。弯管一般可分为热弯、冷弯两种加工方法，热弯用于管壁厚或实心的管材，在金属家具中应有较少；冷弯在常温下弯曲，加压成型，加压的方式有机械加压、液压加压及手工加压弯曲。

3．打眼与冲孔

当金属零件采用螺钉接合或铆钉接合时，零件必须打眼或冲孔。打眼的工具一般采用台钻、立钻及手电钻。冲孔的生产率比钻孔高 2 ~ 3 倍，加工尺度较为准确，可简化工艺。有时在设计中会用到槽孔，槽孔可利用铣刀铣出。

4．焊接

焊接的方法有多种，常用的有气焊、电焊、储能焊等。钢管在焊接后会有焊瘤，必须切除，使管外表面平滑。

5．表面处理

零件的表面要经过电镀或涂饰的处理，涂饰的方法有喷金属漆或电泳涂漆。

6．部件装配

零件在进行最后的矫正后，根据不同的连接方式，用螺钉、铆钉等组装成为产品。

产品加工工艺是否合理，是否用利用工业化生产，与家具的结构设计是密不可分的。合理的结构可在很大程度上可简化工艺，提高生产率。图5-2-15～图5-2-19为系列金属家具。

图5-2-15 波特曼金属布艺结合椅子

图5-2-16 用弯曲木和金属连接做成的椅子

图5-2-17 黄铜椅

图5-2-18 铝椅子

图5-2-19 铜制字母椅子

## 5.3 塑料家具的结构设计与制造

塑料具有质轻、坚牢，耐水、耐油、耐蚀性高，色彩佳，成型简单，生产率高等优点。其最主要的特点就是易成型，且成型后坚固、稳定，因此塑料家具常由一个单独的部件组成。

塑料的品种很多，但常用于家具产品的塑料有：玻璃纤维塑料（玻璃钢如太空椅、球椅）、聚碳酸酯、高密度聚乙烯、泡沫塑料、有机玻璃压克力树脂等（图5-3-1～图5-3-4）。

图5-3-1 透明塑料聚碳酸酯papyrus椅子

**椅坐的设计为可叠式，故椅坐有两条缝，方便使用者。**

图5-3-2 高密度聚乙烯泡沫填充椅面多脚椅

图 5-3-3 Eklipse 椅子
金属的框架包裹在聚氨酯泡沫塑料里，没人坐在上面向它施压时，它呈现出一个很美雅的手镯形状，随着不同的坐姿，椅子也就呈现出不同的形状。

图 5-3-4 碳纤维桌
材料为透明或白色的 PMMA 丙烯酸（有机玻璃压克力）

在进行塑料家具设计时，我们主要应注意一些细部的结构，如：塑料制品的壁厚、加强筋与支承面、模具的斜度与圆脚、孔与螺纹等。

## 5.3.1 壁厚、加强筋与支承面

塑料家具根据使用要求必须具有足够的强度，但注塑成型工艺对制件壁厚却有一定的限制，因此，合理地确定制品的壁厚是非常重要的。且壁厚应尽量均匀，壁与壁连接处的厚度不应相差太大，并且应尽量用圆弧连接（表 5-3-1）。

表 5-3-1 常用塑料制作的壁厚范围 单位：mm

| 塑料名称 | 制件壁厚范围 | 塑料名称 | 制件壁厚范围 |
|---|---|---|---|
| 聚乙烯 | 0.9 ~ 4.0 | 有机玻璃 | 1.5 ~ 5.0 |
| 聚丙烯 | 0.6 ~ 3.5 | 聚氯乙烯（硬） | 1.5 ~ 5.0 |
| 聚酰胺（尼龙） | 0.6 ~ 3.0 | 聚碳酸酯 | 1.5 ~ 5.0 |
| 聚苯乙烯 | 1.0 ~ 4.0 | ABS 树脂 | 1.5 ~ 4.5 |

有些塑料制品较大或需要承受较大的载荷，壁厚达不到强度要求时，就必须在制品的反面设置加强筋。加强筋的作用是在不增加塑件壁厚的基础上增强其机械强度，并防止塑件翘曲。当塑料制件需要由基面作支承面时，应设计用凸边的形式来代替整体支承表面。

## 5.3.2 塑料家具斜度与圆角

塑料制品都是由模注塑成型的，为便于脱模，设计时塑料制品与脱模方向平行的表面应具一定的斜度。且塑制件的内、外表面及转角处都应以圆弧过渡，避免锐角和直角。

## 5.3.3 塑料家具的结合方法

接合方法有：胶接合、螺纹接合、卡式接合、热熔接合、金属铆钉接合、加热铆结合等。

#### 5.3.3.1 胶接合

胶接合是用聚氨酯、环氧树脂等高强度胶黏剂涂于接合面上将两个零件胶合在一起的方法。

#### 5.3.3.2 塑料家具孔、螺纹

塑料制件上各种形状的孔（如通孔、盲孔、螺纹孔等），应开设在不减弱塑料件机械强度的部位。相邻两孔之间和孔与边缘之间的距离通常不应小于孔的直径，并应尽可能使壁厚一些。设计塑料制件上的内、外螺纹时，必须注意不影响塑件的脱模和降低塑件的使用寿命。制作螺纹成型孔的直径一般不小于 2mm，螺距也不宜太小。

通常有直接螺纹接合、间接螺纹接合、自攻螺纹接合三种。

（1）直接螺纹接合是指塑料零件上直接加工出螺纹的接合方法（图 5-3-5）。

（2）间接螺纹接合是指通过金属的螺杆（螺钉）与螺母紧固两塑料零件的方法（图 5-3-6）。

（3）自攻螺纹接合是指通过自攻螺钉拧入被接合的零件的光孔内，自攻螺钉的齿尖扎入光孔壁，实现紧固接合（图 5-3-7）。

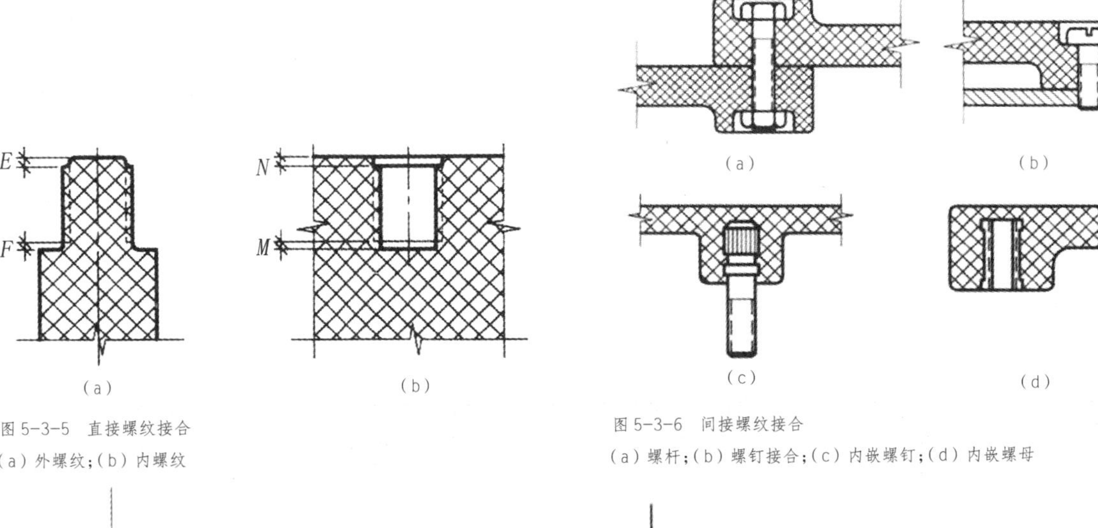


图 5-3-5 直接螺纹接合
(a) 外螺纹；(b) 内螺纹

图 5-3-6 间接螺纹接合
(a) 螺杆；(b) 螺钉接合；(c) 内嵌螺钉；(d) 内嵌螺母

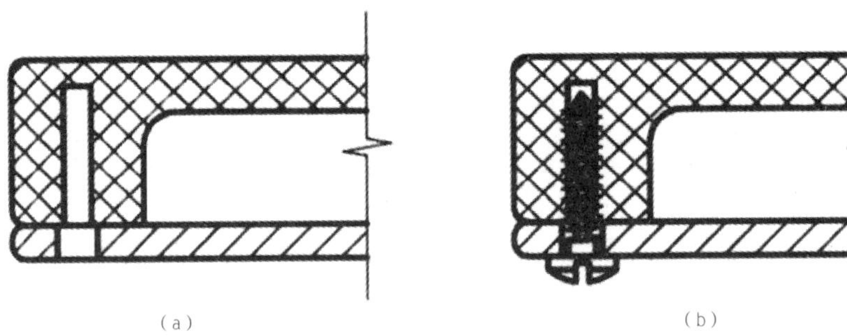


图 5-3-7 自攻螺纹接合
(a) 接合前；(b) 接合后

#### 5.3.3.3 卡式接合

如图 5-3-8 是卡式接合的一个实例，带有倒刺的零件沿箭头方向压入另一个零件，借助塑料的弹性，倒刺滑入凹口内，完成连接。

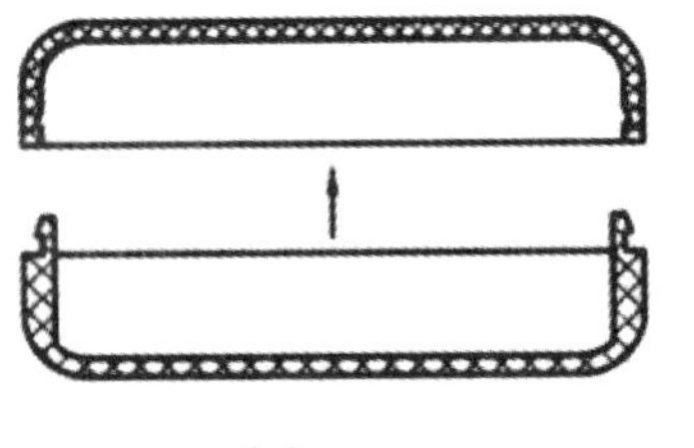

图 5-3-8 卡式接合
(a) 接合前；(b) 接合后

（a）

（b）

图 5-3-9 两件全塑料家具

（a）是整体结构的坐具为了降低材料使用量。同时又要提高强度与刚度，在坐面两边采用了折边结构，坐面下表面设立了加强筋；（b）是典型的薄壳结构塑料家具，整件家具分上下两个部分，每个部分的内壁均要设立加强筋，上下两个部分之间采用卡式接合。

### 5.3.3.4 热熔接合、金属铆钉接合、热铆接合

热熔接合如图 5-3-10 所示，金属铆钉接合如图 5-3-11 所示，热铆接合如图 5-3-12 所示。

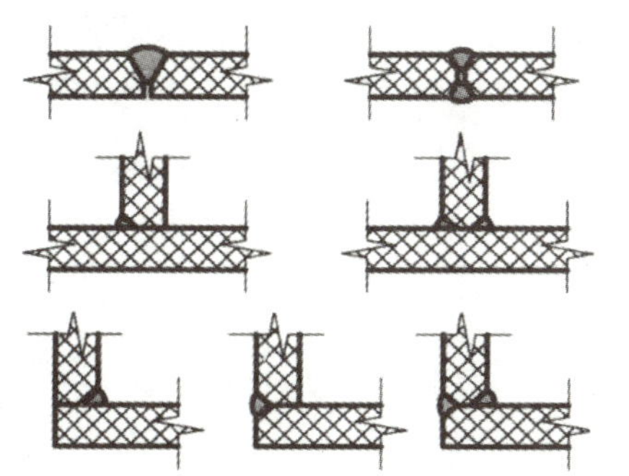

图 5-3-10 热熔接合

图 5-3-11 金属铆钉接合

图 5-3-12 热铆接合

# 5.4 竹藤家具

## 5.4.1 竹材和藤材

竹材和藤材同木材一样，都属于自然材料。竹材坚硬、强韧；藤材表面光滑，质地坚韧、富于弹性，且富有温柔淡雅的感觉。竹材、藤材可以单独用来制作家具，也可以同木材、金属材料配合使用（图 5-4-1 ~ 图 5-4-4）。

图 5-4-1 藤制椅子

图 5-4-2 西部牛仔帽椅

图 5-4-3 藤制沙发

图 5-4-4 公共藤家具

## 5.4.2 竹藤家具的构造

竹藤家具的构造可以分为两部分：骨架和面层。

### 5.4.2.1 骨架

竹藤家具的骨架可以采用竹竿或粗藤条制作，可采用木质骨架，也可采用金属框架作为骨架。

骨架的接合方法。有以下几种。

（1）弯接法、如图 5-4-5 所示。一般采用锯口弯曲的方法，将竹材锯口后弯曲与另一竹材相接。

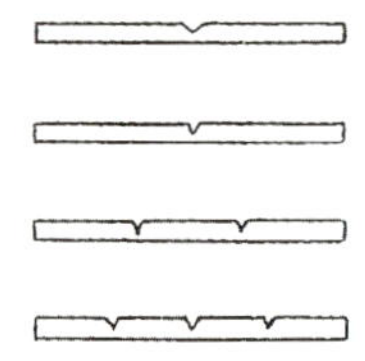

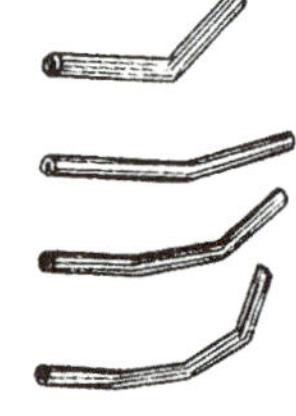

图 5-4-5 锯口弯曲

（2）缠接法，如图 5-4-6 所示。这种方法是竹藤家具中最为常用的一种方法，先在被连接的竹材上钉孔，再用藤条进行缠绕。

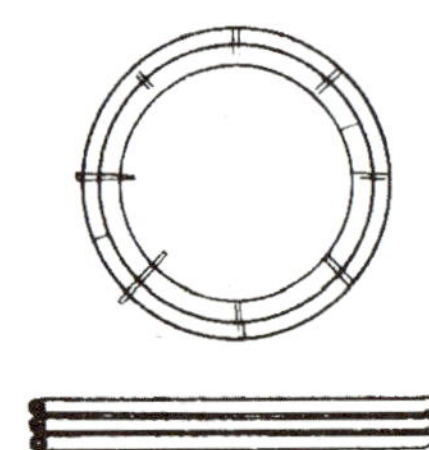

图 5-4-6 缠结法

（3）插接法，如图 5-4-7、图 5-4-8 所示。这种方法是竹家具的独用的接合方法，用于竹竿之间的接合，在较大的竹管上开孔，然后将较小竹管插入，并用竹钉锁牢。

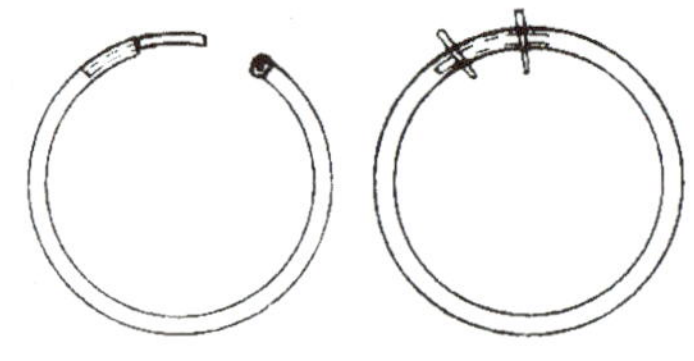

图 5-4-7 弯曲端头连接

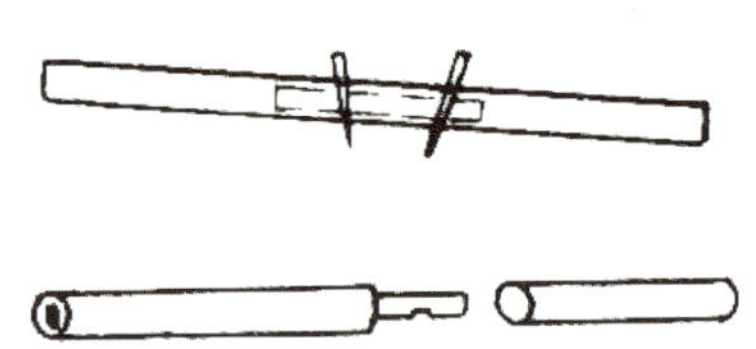

图 5-4-8 直向端头连接

### 5.4.2.2 面层

竹藤家具的面层，一般采用竹篾、竹片、藤条、芯藤、藤皮编织而成（图 5-4-9）。

竹藤编织的方法有以下几种。

（1）单独编织法。用藤条编织成结扣和单独的图案。结扣用于连接构件，图案用于不受力的编织面上。

（2）连续编织法。是一种用四方连续构图方法编织组成的面。采用皮藤、竹篾、等扁平材料编织称扁平编织，采用圆形材

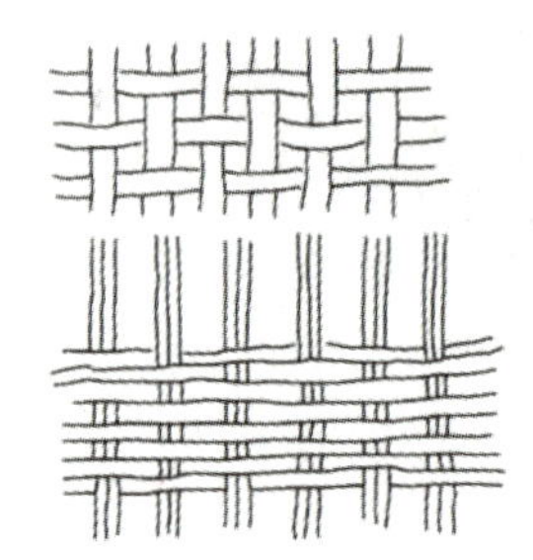

图 5-4-9 皮藤的编织

编织称为圆材编织（图 5-4-10）

（3）图案纹样编织法。用圆形材构在各种形状和图案，安装于家具的框架上，起装饰作用及对受力构件的辅助支承作用（图 5-4-11）。

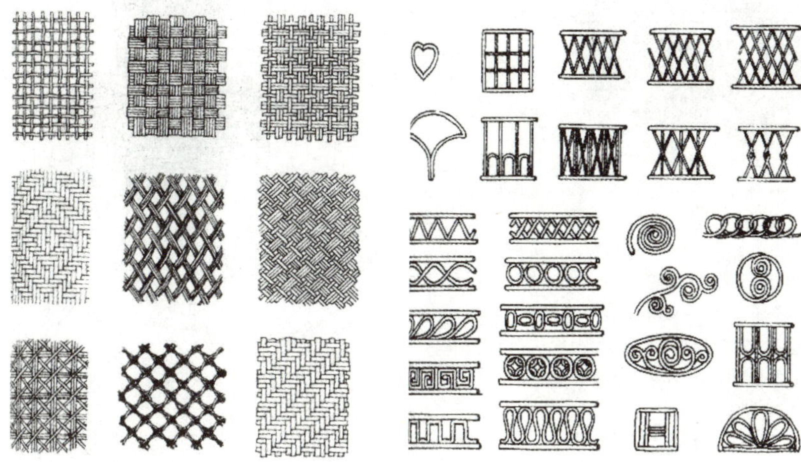

图 5-4-10 连续编织法

图 5-4-11 所示为图案纹样编织法

# 5.5 软体家具的结构设计

## 5.5.1 软体材料

凡坐、卧类家具与人体接触的部位由软体材料制成或由软性材料饰面的家具称为软体家具（图 5-5-1）。软体结构包括薄型软体结构和厚型软体结构，如常见的沙发、床垫都属于软体家具。

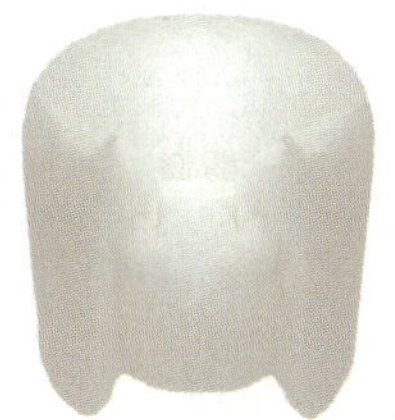

图 5-5-1 泡沫沙发

## 5.5.2 软体结构

### 5.5.2.1 薄型软体结构

薄型软体结构也叫半软体结构，如用藤面、绳面、布面、皮革面、塑料纺织面、棕绷面及人造革面等材料制成的产品，也有部分用薄层海绵的。

这些半软体材料有的直接纺织在坐框上，有的缝挂在坐框上，有的单独纺织在木框上再嵌入坐框内（图 5-5-2 ~ 图 5-5-5）。

图 5-5-2 R606 聚合物椅

这款椅子表面看来也是由坚硬的材料制成的，而实际上坐上去之后却会感到非常柔软。其实它的坐垫和靠背的位置是由一种名为 R606 的专利聚合物制成的，这种材料表面看来非常坚硬，实际上却可以在压力作用下产生一定的变形，从而使得看似坚硬的椅子也可以变得非常柔软。

图 5-5-3 沙发

图 5-5-4　孔雀椅

这款孔雀椅给使用者很高的用户体验度，在外形上也很有特色，宛如一只正在开屏的孔雀。它由一整块三层加厚毛毡折叠弯曲，贴合椅子设计简洁的金属框架制作而成。整件作品没有经过一丝缝纫、编织加工，框架和靠背坐垫的结合浑然一体。

图 5-5-5　蝙蝠式沙发

### 5.5.2.2　厚型软体结构

厚型软体结构可分为两种形式，一种是传统的弹簧结构，利用弹簧作软体材料，然后在弹簧上包覆棕丝、棉花、泡沫塑料、海绵等，最后再包覆装饰布面。弹簧有盘簧、拉簧、弓（蛇）簧等。另一种为现代沙发结构，也叫软垫结构。整个结构可以分为两部分，一部分是由支架蒙面（或绷带）而成的底胎；另一部分是软垫，由泡沫塑料（或发泡橡胶）与面料构成（图 5-5-6）。

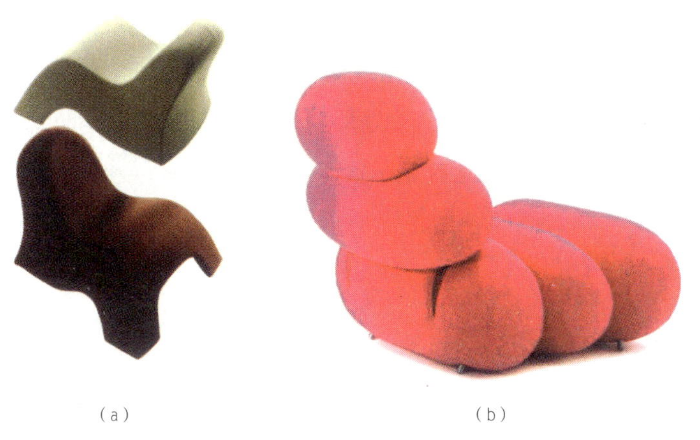

（a）　（b）

图 5-5-6　厚型软体沙发

## 5.5.3　充气家具

充气家具有独特的结构形式，其主要的构件是由各种气囊组成，并以其表面来承受重量。气囊主要由橡胶布或塑料薄膜制成。其主要的特点是可自行充气组成各种家具，携带或存放方便，但单体的高度因要保持其稳定性而受到限制。

充气家具多用于旅游家具，如沙滩椅、轻便沙发和浮床等（图 5-5-7 和图 5-5-8）。

图 5-5-7　可充气的旅行沙发

图 5-5-8　会发光的充气坐椅

这是一款环保型利用再生材料制成，绝对安全的充气椅子。回收再利用的材料不但对我们生活的环境加以了保护，再值得一提的是，当这款椅子在黑暗中，整个椅身可以发光。它所使用到的材料其实都是成本很低的技术材料，平凡且普通。设计师们却加以很好地利用和回收，让他们变得很不一样，充满了设计感和创意。

# 5.6　纸质材料

用纸板或纸制作家具既轻便又便于运输和拆装，制作方便，价格低廉，如果不用了，扔掉也不觉得可惜。根据折纸方式的不同，折纸家具还可具有多种外在的形式（图 5-6-1 ~ 图 5-6-4）。

图 5-6-1　777 椅是由 100% 可回收纸板做成

图 5-6-2　报纸沙发

［图片来源：张剑（情趣的设计世界张剑产品设计作品选）］

用尼龙线制成直径为 60cm 的圆球形网，网孔大小 4cm×4cm。在网的一端开有一大小 10cm 的收口，将废报纸用手用力揉成小球放入网中，直到网撑满成球形，拉紧收口，即制成了报纸沙发。

图 5-6-3　完全纸质的椅子

图 5-6-4　镶纸板椅子

# 5.7　玻璃材料

玻璃材料也是家具设计中常使用的一种材料。玻璃的厚度常为 2mm、3mm、5mm、6mm、10mm 等，设计所需的强度越大，所选玻璃的厚度应越厚。玻璃可以直接开孔和切割，也可在高温的熔炉内加热后弯曲成型。玻璃是一种晶莹剔透的人造材料，具有平滑光洁透

图 5-7-1 木材和玻璃材质结合的拼图茶几

明的独特材质美感，现代家具的一个流行趋势就是把木材、铝合金、不锈钢与玻璃相结合（图 5-7-1），极大地增强了家具的装饰观赏价值，现代家具正在走向多种材质的组合，在这方面，玻璃在家具中的使用起了主导性作用。

由于玻璃现代加工技术的提高，雕刻玻璃、磨砂玻璃、彩绘玻璃，车边玻璃、镶嵌夹玻璃、冰花玻璃、热弯玻璃、镀膜玻璃等各具不同装饰效果的玻璃大量应用于现代家具，尤其是在陈列性展示性家具以及承重不大的餐桌、茶几等家具上玻璃更是成为主要的家具用材（图 5-7-2），玻璃以其特有的内在和外在特征以及优良性能，在增加或改善现代家具的使用功能和适用性方面，起到了不可忽视的作用。

图 5-7-2 茶几

## 5.8 石材材料

石材是大自然鬼斧神工造化的，具有不同天然色彩的一种质地坚硬的天然材料，给人的感觉高档、厚实、粗犷、自然、耐久。

图 5-8-1 公共户外家具

天然石材的种类很多，在家具中主要使用花岗岩和大理石两大类。由于石材的产地不同，故质地各异。在家具的设计与制造中天然大理石材多用于桌、台案、几的面板，发挥石材的坚硬、耐磨和天然石材肌理的独特装饰作用。同时，也有不少的室外庭园家具，室内的茶几、花台也是用石材制作的（图 5-8-1）。

人造大理石、人造花岗岩是近年来开始广泛应用于厨房，卫生间台板的一种人造石材。以石粉、石碴为主要骨料，以树脂为胶结成型剂，一次浇铸成型，易于切割加工，抛光，其花色接近天然石材，抗污力，耐久性及加工性、成型性优于天然石材，同时便于标准化部件化批量生产，特别是在整体厨房家具整体卫浴家具和室外家具中广泛使用。

## 5.9 水泥材料

水泥材料家具如图 5-9-1 和图 5-9-2 所示。

图 5-9-1 Stefan Zwicky 1980 年的作品，用钢筋水泥做成的柯布西耶 LC2 椅

图 5-9-2 主要材质是水泥（99.9%）加玻璃纤维

# 5.10　家具五金连接件

拆装式家具的问世，人造板材的广泛应用，为现代家具五金配件的形成与发展奠定了坚实的基础，家具五金配件也逐渐走进国际化时代。

随着现代家具五金工业体系的形成，将家具五金分为：连接件、铰链、滑动装置、锁、高度调整装置、拉手、脚轮等。

## 5.10.1　连接件

将家具的零件组装成部件，再将零部件组装成产品，都需要应用连接件。零部件组装化生产已成为家具工业化生产的大趋势，具有可拆装结构的连接件因而得到广泛的应用，成为各类五金中应用最为广泛的一种（图 5-1-15）。

## 5.10.2　铰链

铰链的品种很多，有合页、门头铰、玻璃门铰、杯型暗铰链、专用特种铰链等，如图 5-10-1 所示。其中，最为常用且技术难度最大的为暗铰链，暗铰链有直臂、小曲臂和大曲臂之分，以分别适用于全盖门、半盖门和嵌门。以直径为 25mm 及 35mm 杯径产品为主（常用的为 35mm）。开启角度为 90° ～ 180°。

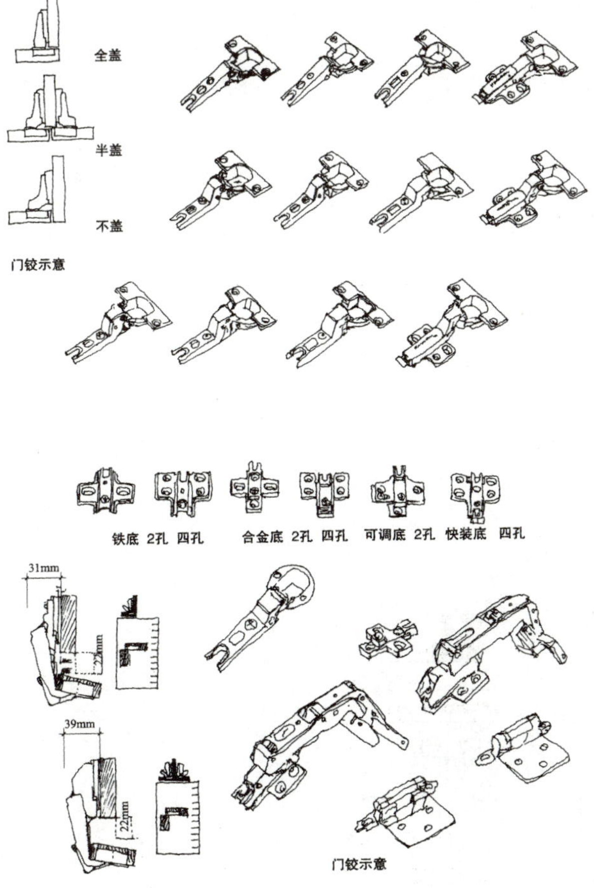


图 5-10-1 铰链

## 5.10.3 滑动装置

滑动装置也是一种重要的功能五金件。最常用的为抽屉道轨及门滑道，卷帘门用的环型底路、铰链与滑道的联合装置（如电视机柜内藏门机构）等。

### 5.10.3.1 抽屉的样式及滑轨结构

抽屉的样式及滑轨结构如图 5-10-2 所示。

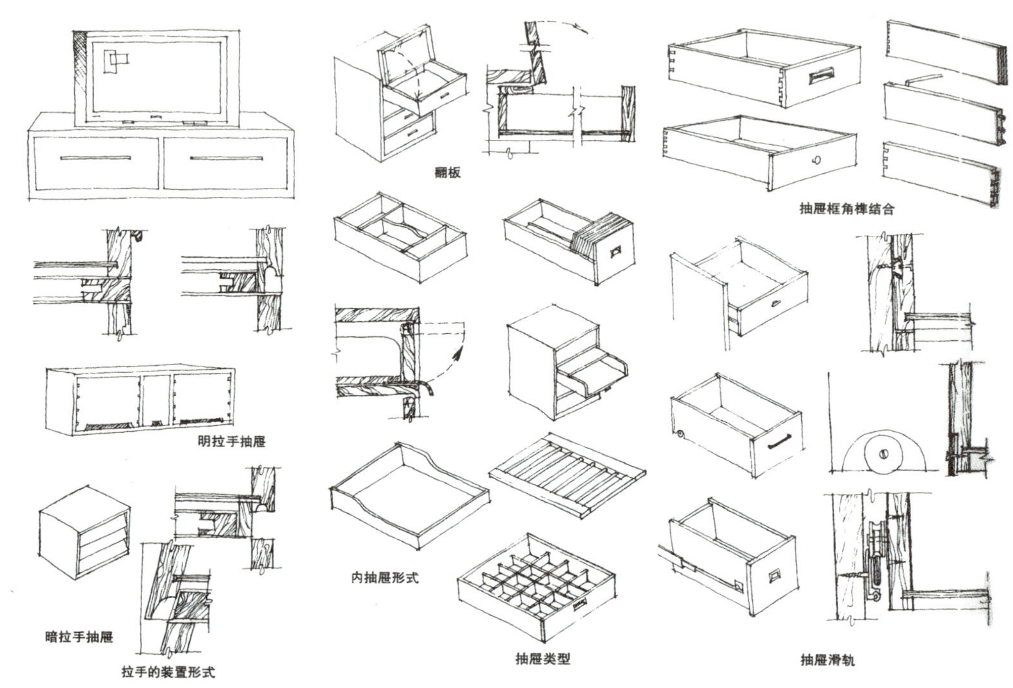


图 5-10-2 抽屉的样式及滑轨结构

### 5.10.3.2 门滑道

家具的门，除采用转动开启方式外，还可平移、转动、折叠平移等多种开启方式（图 5-10-3）。采用平移或兼有平移功能的开启方式，可以节省转动开门时所必需的空间，所以门滑道在越来越多的产品中被广泛应用。

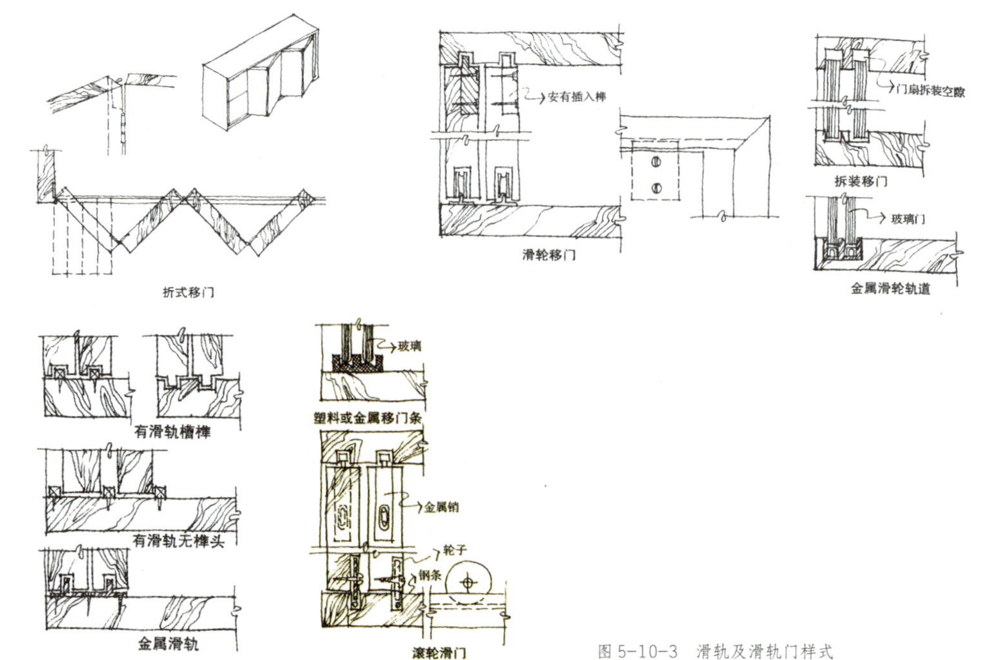


图 5-10-3 滑轨及滑轨门样式

#### 5.10.3.3 门开启方式

门开启方式如图 5-10-4 所示。

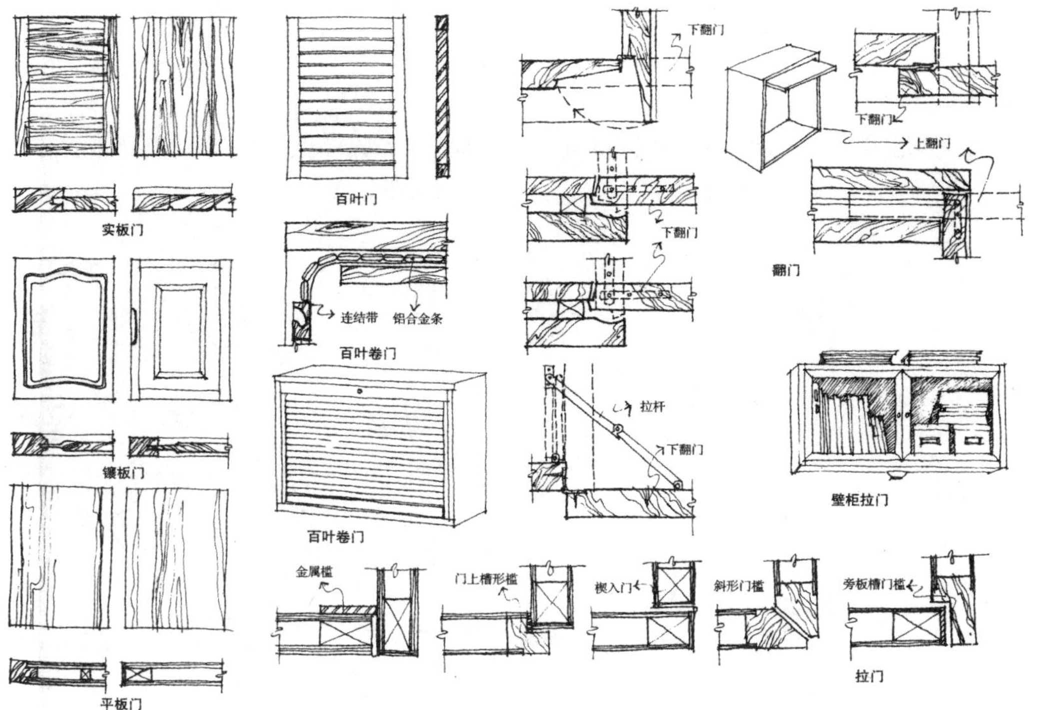


图 5-10-4 门开启方式

## 5.10.4 锁

锁主要用来锁柜门与抽屉，根据锁用于部件的不同，可分为玻璃门锁、柜锁、移门锁等（图 5-10-5）。

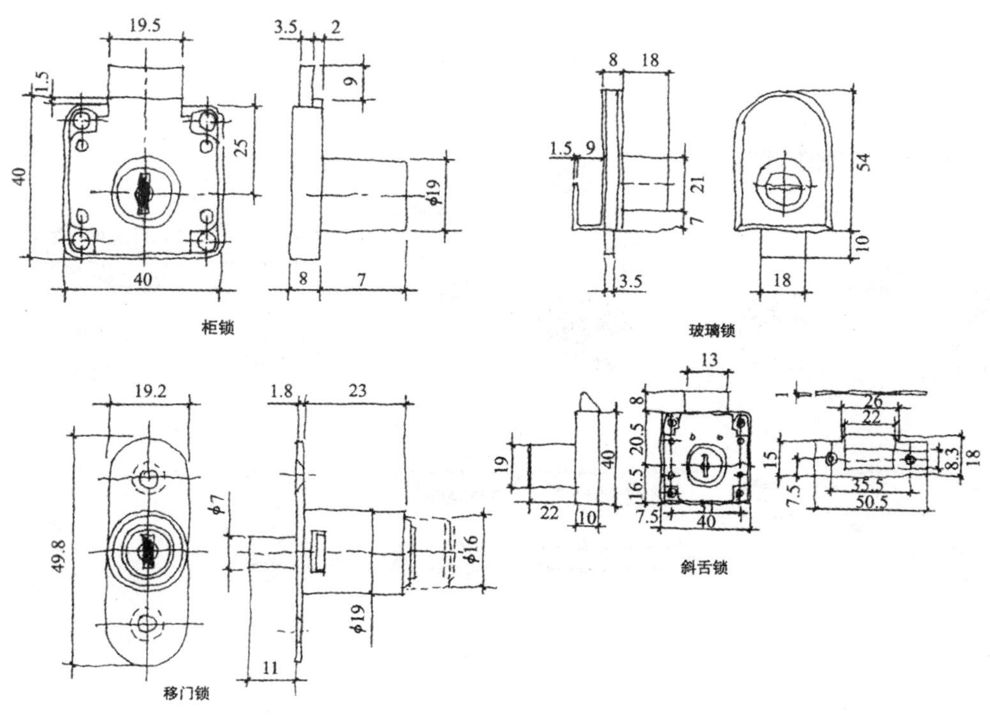


图 5-10-5 锁结构图（单位：mm）

柜锁与移门锁的安装，只需在门板或抽屉面板上开 20mm 圆孔，用螺钉固定；玻璃门锁则需在顶板或底板上开锁舌孔。

## 5.10.5 高度调整装置

高度调整装置主要用于家具的高度与水平的调校，如脚钉、脚垫、调节脚以及为办公家具特别设计的鸭嘴调节脚等（图 5-10-6 和图 5-10-7）。

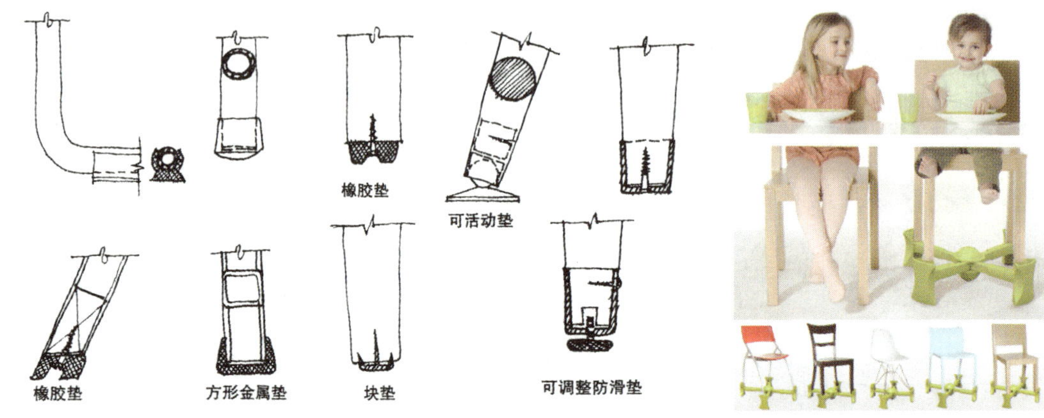


图 5-10-6 脚垫

图 5-10-7 便携式椅脚

这款便携式椅脚，它的角度及大小是可调节的，所以，不论任何椅子，只要是 4 个脚的都可以很方便使用。

## 5.10.6 拉手

拉手属于装饰五金类，在家具中起着重要的点缀作用，其形式和品种繁多，有金属拉手、大理石拉手、塑料拉手、实木拉手，瓷器拉手等。主要分为外露式及封闭式两种外露式安装方便简单。

家具拉手样式如图 5-10-8 所示。

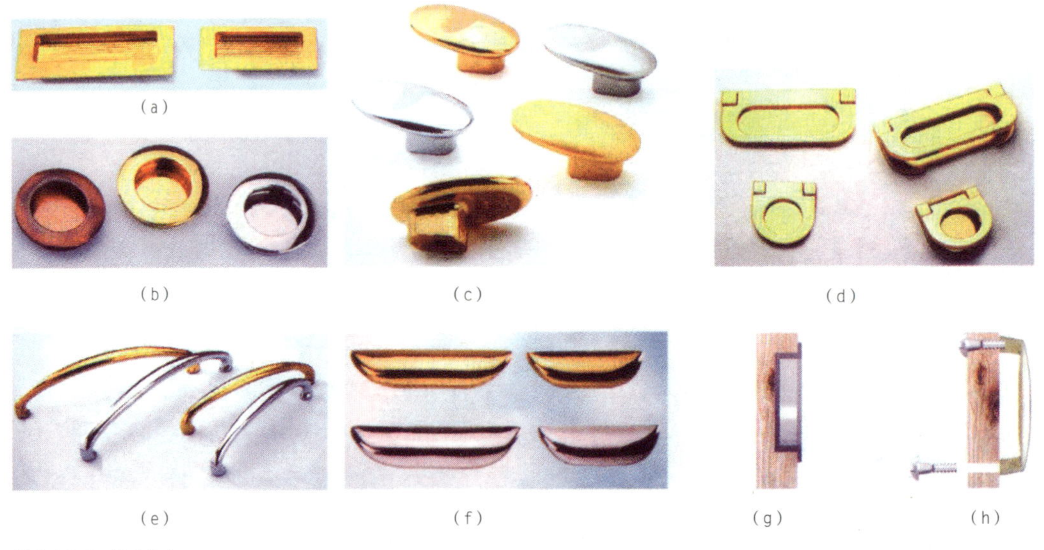


图 5-10-8 拉手样式

(a) 方形封闭式拉手；(b) 蛋形封闭式拉手；(c) 扣形雕花外露式拉手；(d) 半封闭形拉手；(e) 桥形外露拉手；(f) L 形外露拉手；(g) 封闭式拉手；(h) 外露式拉手安装示意图

拉手与柜门或抽屉面板的连接主要靠机螺钉连接。塑料拉手、尼龙拉手、实木拉手等常用嵌铜螺母配机螺钉接合。在柜门或抽屉面上常预钻 $\phi$ 4mm 通孔。挖手则需在柜门或抽屉面板上开出相应的孔，上胶或不上胶连接。

## 5.10.7　脚轮

脚轮常装于柜、桌的底部，以便移动家具。还可以装置刹车，当踩下刹车，可以固定脚轮，不使其滑动，万向轮具有 360° 摆向，承受力达 100~250kg，规格有 25~75mm 数种，万向轮通常是用木螺钉与家具底部固定（图 5-10-9）。

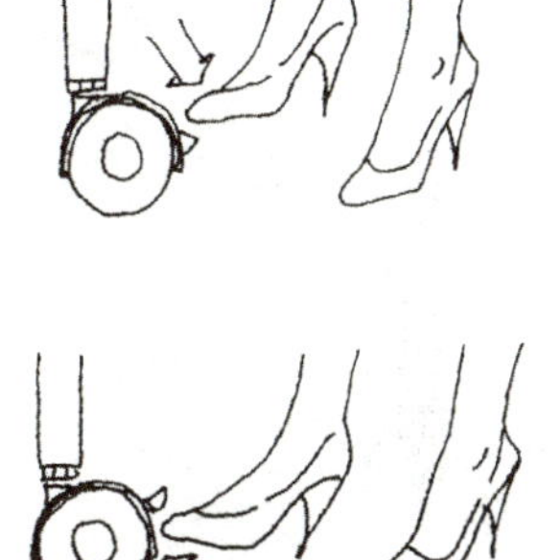

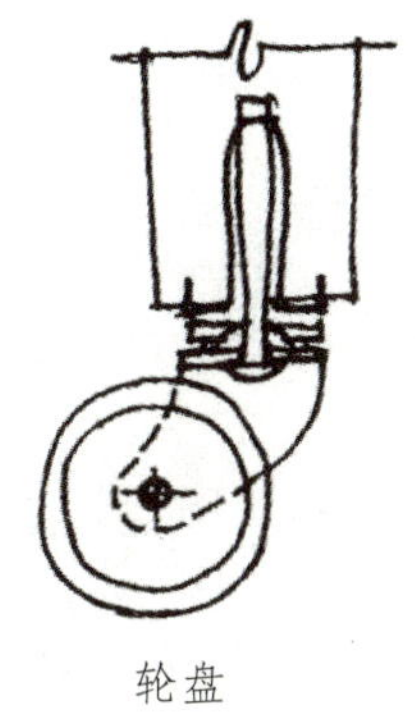

图 5-10-9　万向轮、脚轮

## 作业与思考题

1. 木质家具有哪些结构类型？

2. 测绘一件传统古典家具，并描绘出立面图、结构图、结点大样图。

3. 结合课程学习，参观 1 ~ 2 个不同类型的家具工厂，学习了解现代家具生产的整套工艺流程。

4. 结合当地家具产业与传统工艺技术的特点，从竹藤家具、金属家具、塑料家具、软体家具中任选 1 ~ 2 种进行不同材质的专业家具设计。

# 第6单元 家具新产品创意开发的设计方法及程序

**学习目的**

家具新产品的创意设计方法并非一定是程式化的步骤。它可以因人而异，根据不同设计者自身的领悟能力，以及他们在日常设计中的体会和知识的积累而具有不同的形式。但是对于初学者，特别是初涉家具设计的学生，由于设计经验的缺乏，他们对于如何进行家具设计，以及家具设计整个过程仍感到非常困难。本单元首先从家具设计新产品创意开发入手，介绍家具设计的一般的、可遵循的规律和方法，提供给学生一条有形的设计思维轨迹。

**学习重点**

使学生能够掌握家具设计常用的步骤和方法，并根据此方法指导具体的家具设计实践。

不同的思维方式决定不同的人生，思维决定成败。设计是一种构思或规划，是一种创造、旨在创造人类以前所没有的和现在或今后所需要的。没有思维创新的设计不具有价值，因为没有创新的设计不能算是设计，家具设计与其他类型的设计一样，其真正意义在于思维创新。

家具新产品设计创意就是运用创造性思维进行构思，逐步展开、逐步加深、不断重复、反复推敲，不断捕捉灵感的火花，不断寻找设计的突破口的创新过程。从新视点起步，从新功能着眼，从新材料、新工艺切入，使产品开发设计中的各个构成元素通过创意思维激活，努力以这些激活点、闪光点逐渐形成新产品设计的构成框架，从初步的框架上开拓出新产品的基本形态。

由于我国现代家具工业起步太晚，尤其是在家具新产品开发与设计上多数是模仿欧美发达国家，中国家具业缺乏自己的原创设计，缺乏知名品牌，缺乏现代家具设计师，这已经成为 21 世纪制约中国家具发展的关键“瓶颈”。21 世纪将是中国家具的设计时代，家具产品设计与创新将是中国家具业腾飞的翅膀，将成为家具企业的生命力、竞争力、形象力。设计创新将担负确立中国现代家具在世界上重新振兴与崛起的重任。

在家具产品开发设计过程中，具体的设计创意、设计程序是怎样进行的呢？一项家具产品开发设计工作从开始到完成必然有一定的进程，依照程序层层递进，并在序列性进程中体现和提高设计效率。因此，本单元将依据国际与国内家具新产品开发与设计方法中所积累的经验中总结出可操作性强、实用的、可遵循的一般规律和方法，科学借鉴欧美现代建筑设计、家具设计、工业设计的成功经验，用于拓宽设计思路，寻找中国当代家具设计的切入点与突破口，正确表达设计意念和提高设计水平，避免在学习家具设计时走弯路。

家具设计开发程序如图 6-0-1 所示。

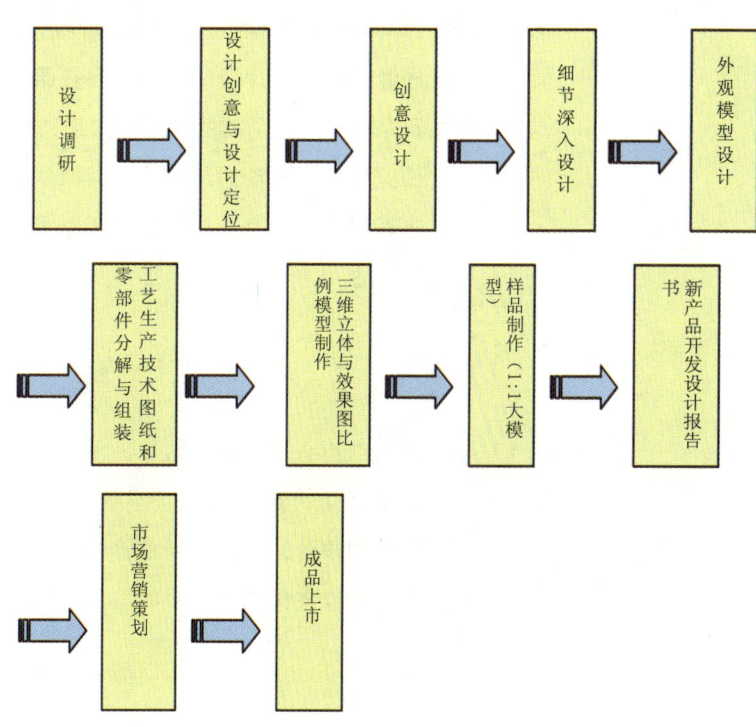

图 6-0-1　家具设计开发程序框图

# 6.1 家具新产品的概念

## 6.1.1 新产品概念与产品创新含义

### 6.1.1.1 新产品

人们习惯于将那些首次在市场上亮相的产品叫新产品，其实这是一种狭义的理解，如果给新产品下个定义，应该是：指在工作原理、技术性能、结构形式、材料选择以及使用功能等方面，只要有一项或几项与原有产品有本质区别或显著差异的产品，都可称为新产品。具体说，新产品是指具有如下特性的产品。

（1）有了新用途的现有产品，如可自动调节台面倾斜度的写字桌，相对于固定台面就是一种新产品。

（2）外形有所改变的现有产品，如柜类家具立面分割变化，门、屉装饰线脚的变化，产品外形轮廓的变化……均可称为外形有所改变的新产品。

（3）性能、特点有重大改进的现有产品，如相对单件配套的组合多用家具，相对于固定结构的拆装式家具，相对于硬板床的软垫床……都属于改进型的新产品。

（4）独创性的新产品，如 20 世纪以来相继出现的塑料家具，玻璃纤维壳体家具，充水、充气的人体仿生家具……均属有独创性的家具。

### 6.1.1.2 产品创新

“产品创新”从词义上分析，“创”是初次开始做，而“新”则为初次出现的事物，性质上改变得更好、更先进的内容。而“创新”则指某一事物或某种方法弃旧立新的行为或结果，同样也指人们所进行的创造性活动。产品创新设计就是指产品具有了一定的创新性，也就是说，通过设计活动，使产品在某些方面，如第一次采用了或实现了过去从未有的新形式和内容，产生了新的内容或效果，或者说在某方面有所创造发明。

由此可见，家具的新型产品、新的功能内容、新的外观设计、新的结构形式、新的装饰方法等均可称之为家具产品的创新设计。只要有新产品的设计、创意，就能让我们生活得更加舒适。

## 6.1.2 产品创新的意义

产品创新必须具有新颖性、创造性与实用性。

### 6.1.2.1 新颖性

如果你设计的不是全新的产品，那还要劳神伤财的做什么设计呢？设计师绝对没有兴趣去改变一款家具的风格或者样式，去寻找一种全新的表达和交流的方式不是来得更有意思吗?

### 6.1.2.2 创造性

创造性是指发明创造在提出专利申请时，比已有技术先进，具有独创性，不是本行业中一般水平的技术人员所容易做到的，能够产生更好的效果。如果它与同一技术领域的现有技术比较平庸无奇，不能提供更为先进的技术方案，即使未被公知公用，也不具创造性。

#### 6.1.2.3 实用性

实用性是指该发明创造具有能在产业上制造或使用的可能性。一般创新设计的家具产品或制造家具的新工艺方法，均具有重复制造和重复使用的可能性，均可视为具有实用性。

而实用性的概念，绝不是简单的使用，它还应该具有舒适、便利、弹性、节省空间、耐用等特点。

## 6.2 家具产品设计创意开发

### 6.2.1 设计创意的决定因素

在人的全部智能中，思维处于中心地位，而在思维的顶峰，就是创造力。从知识、素质、能力结构系统来看，创造力是一个高层次的能力结构。它建立在三方面的基础因素上，即创造因素、智力因素和个性因素。

创造因素由想象、灵感决定。

智力因素由观察能力、记忆能力、注意能力、思维能力决定。其中重要的是思维能力，这其中由抽象思维、形象思维、直觉思维、灵感思维、发散思维、收敛思维、分合思维、逆向思维、联想思维决定。每一种思维方式也是一种家具设计方法。

个性因素由创新意识、专业能力、勤奋与毅力、气质与素质决定。而其中最重要的就是专业能力，这是由学生在本科教学中需要掌握的徒手草图、立体效果图、计算机设计、模型制作决定的。

新产品开发设计的创造性规律告诉我们，只有从全新的视点出发，从产品开发的关键点展开，才能有效地创造出新的产品设计。

### 6.2.2 家具创意创新设计的途径

#### 6.2.2.1 思想创新

所谓思想创新，是指设计思想的创新。随着社会的发展，不断把握时代的脉搏，将社会关注的问题转化为设计的问题。如将人类对环境的忧虑转化为系统的生态设计思想，进而演变为“生态设计”，例如材料的选择，选择丰富易得的本地材料。尽量选用已回收材料或可再生材料。利用废弃木质材料或木质纸浆压制、雕刻、拼接出更有设计感的新型家具。以下是一组关于“坐”的设计，在转换了不同的材料之后，你会发现原来这么多东西都是可以拿来“坐”的（图 6-2-1 和图 6-2-2）。

图 6-2-1 K-BENCH K-BABY

［图片来源：Charles Kaisin（Jacobo Krauel.Street furniture.Carles Broto I Comerma）］

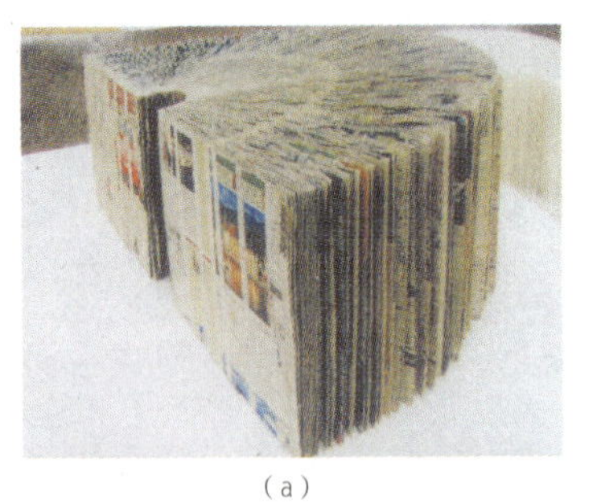
(a)

(b)

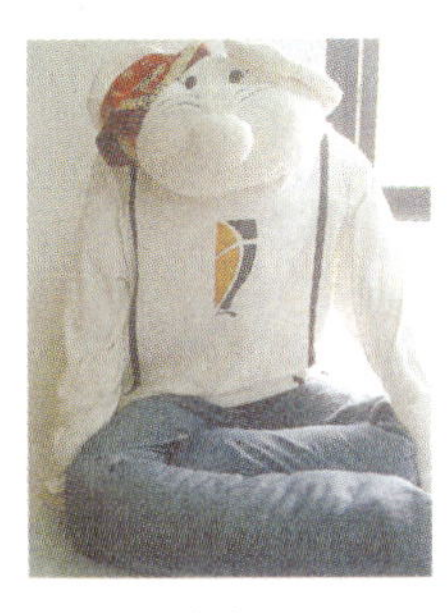
(c)

(d)

(e)

图 6-2-2 各种样式坐具

#### 6.2.2.2 思维与思维方法创新

任何创新，其思维是根本，没有创新思维，创新设计无从谈起。经过系统的、刻意的训练，人的思维可以形成一种模式。有人说：创新就是反对某种模式的思维。但殊不知，试图走出某些陈旧思维方式的思维方法的确立就是一种创新思维模式。

#### 6.2.2.3 功能创新

家具是一种物质产品，其功能性是不容置疑的。社会发展的主要标志之一是人们生活方式和生活行为的改变和进步，因此，社会发展会不断提出关于家具的新的功能要求。功能创新成为家具设计创新的主要手段和方法。

如传统的床被视为是建筑空间隐蔽场所中的一件产品。造型无论是层层叠叠还是里里外外，都是为了基本睡眠功能和“私密”的存在方式。床的造型被增加为沙发和床的功能（图 6-2-3）。现代床的设计融合了人们的睡眠习惯，更融合了许多人的睡眠前的行为如看书、听音乐、交谈等；睡眠空间需要有温馨、静谧、安全、浪漫的氛围等。按照人们对于床及“床的空间”的新的认识，设计师设计出了“睡眠中心”，将床的传统功能，照明功能，音响功能，与床有联系的可能的辅助功能如在床上写作、用餐等完全考虑进来，用类似于机械设计和装配的方法进行设计（图 6-2-4）。

图 6-2-3 多功能沙发床

图 6-2-4 与科技相结合的沙发

### 6.2.2.4 技术创新

设计的技术创新是指设计在科学技术层面上的发明与创造。技术创新包括材料、结构、生产技术、生产工艺等多方面的创新。

和其他行业相比，家具设计与制造的确不是所谓的“高新技术”行业，但不等于高新技术和家具设计与制造无缘，它虽然不是产生高新技术的领域，但它可以成为高新技术应用的主战场。

科学技术是推动家具设计发展的最终动力，以新技术、新材料为动力型主导因素开辟产品的新天地。各种具有新技术属性的材料的使用，新功能甚至是配件的诞生，新型制造技术的运用，新的结构类型，都是新技术在家具设计中的反映。

传统的手工榫卯框架结构一直是家具的主要结构工艺，沿袭几千年使家具造型无法真正创新，现代木材加工新技术开创了全新的制造技术与构造工艺，现代板式家具 32mm 系统结构设计、现代胶合板热压弯曲型工艺、现代强力胶合、贴面封边技术、现代数控机床加工成型技术，3D 打印机、3D 扫描仪技术全面开创了现代家具在造型上的全面改观。金属与塑料、塑料与涂料、布艺与皮革、人造板材、人造石材、人造纤维、仿真印刷纸张等新材料广泛应用于家具，不断开发现代家具的新概念（图 6-2-5）。

(a)

(b)

(c)

图 6-2-5 LED 灯家具一组

将 LED 灯组缝入织物里，然后和电源相接，它即可发出光来，对于家庭或者娱乐场所，是一种很好的环境光，而且样式的变化可以很多，可以是穿在身上的衣服，家具上的罩子，可以是透明材料，也可以和纺织图案相结合等。

我们不能忽视设计技术本身的技术创新。计算机辅助设计技术、新的设计思维与思维方式、模拟设计技术等都是属于技术的创新。

### 6.2.2.5 形式创新

家具的形式创新，其基本点在于新的款式和风格的家具设计。由于形式创新具有新的视觉特征，由此带来的“新、奇、异”的效果，使得家具的形式创新成为家具设计工作的主要表现形式（图 6-2-6 和图 6-2-7）。

图 6-2-6 Lungo Mare
[图片来源：Enric Miralles,Benedetta Tagliabue（Jacobo Krauel. Street furniture.Carles Broto I Comerma）]

图 6-2-7 Glowing Places
[图片来源：Philips（Jacobo Krauel.Street furniture.Carles Broto I Comerma）]

# 6.3 家具设计创新方法

## 6.3.1 家具设计方法概述

设计方法要根据具体情况来作决定，不能生搬硬套，纸上谈兵，不存在一套“放之四海而皆准”的方法，设计有时候是自己的经验、生活的感悟。技巧方法都是在实践过程中得来的经验。技巧是死的，应用要随机应变，不能画地为牢。所谓“技进乎道”，庖丁解牛，忘却刀的存在，才能做到游刃有余。活用的方法才是好的方法。

家具设计方法是以家具为研究对象，探讨家具设计的一般规律和方法的科学。家具设计方法研究对于家具设计工作具有十分重要的意义。最为现实的是，设计方法能为设计团队或设计师形成自己的关于设计工作的工作模式提供线索和指导，能够拓展设计师的设计思维空间，能够为具体的设计工作提供有效的方法。

而纵观大师们的成就，多是来自于自己对生活的认知，他们锻炼的是“智慧”，而不仅是“技术”，无论是功利的还是责任的、理性的还是浪漫的、国际化还是自由主义的、追求全球化还是强调民族的……都是大师们对生活的感受和理解。“创意设计”，“创意”来自生活的智慧训练，“设计”来自学习的方法训练，两者缺一不可。

## 6.3.2 家具设计方法

在工业设计基本设计方法指导下，结合家具的基本属性，特总结常见的家具设计方法有下列几种（图 6-3-1）。

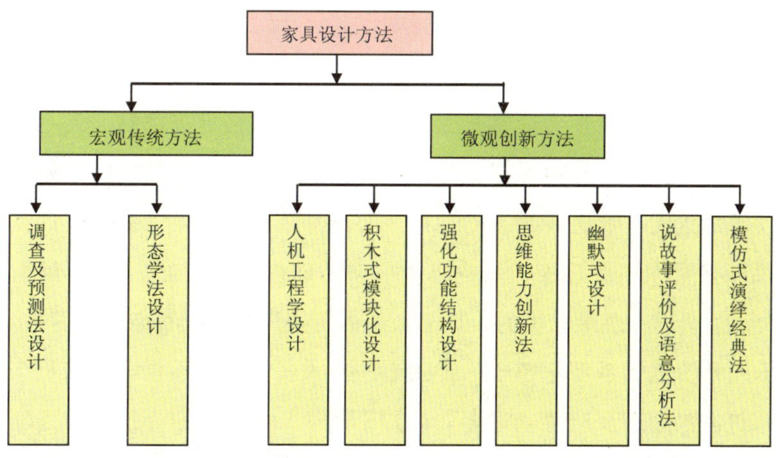


图 6-3-1 家具设计方法

### 6.3.2.1 调查及预测法设计

调查及预测法是指对某些具体的指标进行预测。如调查人均收入以及用于家具投资的比例，来逐步获得人均收入的增长指数和对未来家具市场需求量的分析。

1. 信息搜寻

设计开发的首要前提就是资讯的搜集与整理，而且要从实战的角度进行有效市场调研，要善于从浩瀚的信息资料海洋中寻找收集出有价值的信息，在此基础上进行纵向与横向的对比，对市场与信息进行准确的分析与定位，才能保证设计的成功，在信息资讯非常发达的今天，我们可以采取以下方面进行资讯搜寻。

（1）国际互相网与专业期刊资料的资讯搜寻。

（2）家具市场的调查研究。

（3）家具博览会，家具设计展的观摩与调研。

（4）家具工厂生产工艺的观摩与调研。

2. 资讯的整理与分析

在初步完成了产品开发市场资讯的搜寻工作后，要把所搜寻的资讯进行定性定量分析，系统整理，设计编制概念分析图表，作出专题分析报告，并作出科学结论或预测，编写出完整的图文并茂的新产品开发市场调研报告书，供制造商和委托设计客户的决策层作新产品开发设计的决策参考和设计立项依据。

#### 6.3.2.2 形态学法设计（详见第 3 单元）

利用形态的种类、构成、构成法则、形式法则等理论来对家具形态进行设计。

#### 6.3.2.3 人机工程学设计（详见第 4 单元）

做适合人的生理和心理的设计（图 6-3-2）。

图 6-3-2 符合人机工程学设计的椅子

把人的因素放在首位，是因为设计师都应信奉设计“以人为本”的。设计的重要目的是为人服务，是运用科学技术创造适合人的生活、工作所需要的“物”。

人的因素不能含混和教条地用人体工程学替代，应该整体地、综合地去理解。人不是孤立存在的，他与环境、社会、文化等相关联。人体工程学的应用解决设计的功能是如何适应人体的各种特性，以便建立人与物之间的互动关系。心理学视野中的人，要求设计体现人的深层需求。依据马斯洛需求层级理论，人的基本需求分成生理、安全、归属与爱、尊重、自我实现 5 个层次，生理层次是最原始的，其他 4 个逐渐提升的层次都与心理有关。依据这一理论，所有关于人性价值体系都根植于一定的心理。人使用物的感觉和情绪是个心理综合过程，要比身体对物的物理反应复杂许多。认知心理学，视觉完形心理学等逐渐进入设计领域，逐渐融合成为设计心理学，用以解释人对结构、材料、色彩、形式等的感知和反应。设计只有针对人的身心两方面，才能建立人与物的良好互动。

如北欧家具设计大师、芬兰建筑与家具设计大师库卡波罗，他是一个坚定的功能主义者。他在每一个设计项目开始时，总是首先研究其功能，这已经成为他的个人“传统”。自从 1958 年他听了奥利 · 伯格教授介绍瑞典医生阿克布罗姆为家具设计师所作的“如何设计一个有利于身体健康的椅子”的报告，库卡波罗意识到，人体工学对于设计师来说极为重要。他说：“从此我了解了家具设计的秘密，我找到了‘上帝’，我将成为一个设计师”。库卡波罗是把人体工学引入现代家具设计的最重要的设计师之一。舒适当然是椅子的功能，人体工学就是使椅子坐起来舒适的关键。他的卡路塞利椅（图 2–3–50）的设计创造，光制模阶段的设计实验就耗时 1 年，一开始是尝试按身体形状坐在一堆网络线里形成外形，然后固定在管状骨架中，用浸过石膏的麻布覆盖，不断进行修改，推敲人体工学最佳尺度，最后是玻璃钢铸造，以皮革软垫饰面，钢制弹簧和橡胶阀将椅座和椅子底部连接，贴体舒适，转动自如。因为深入地研究了人体尺度，从而使卡路塞利 418 号椅在 1974 年纽约国际最舒适椅子竞赛中获得头奖。1997 年，他继续对人体工学进行微观研究，设计出了 Funktus 系列办公椅。这种办公椅可在 8 个部位进行调节，适合任何体形的人，是人体工学应用于家具设计的杰出范例，也是对家具行业的重要贡献。

库卡波罗一生致力于做“使人舒适的椅子”，自己设计了许多测量方法和设备去探讨关于椅子的尺度和形状，终于设计出世界上“最舒适的椅子”。

#### 6.3.2.4 “积木”式模块化设计

用小时候都玩过传统的搭积木玩具的方法，不同的或者相同的零件可以组合排列出各种有趣的造型。其实许多家具产品，尤其是生产多年的成熟家具产品，其功能部件相对固定，短时间内又无法实现技术的突破，想要改变或者创新，短时间里确实很难。但仔细分析一下，可以发现一类家具产品功能部件相对稳定，将他们的位置和布局进行重新排布，能够得到不同的体积和组合，因此能延伸出新的形式。

在产品创新的过程中，模块化设计增加了产品与人沟通的更多可能性，更加具有弹性。模块化的设计现在更成为企业沟通使用者的有效方法。在全球化的今天，一种相对单一的家具产品很难能够满足全球各地不同的用户。从人性出发，我们可以提供若干基本功能模块，把产品的最终状态交给用户，用户根据自己的需要灵活组合最后的形态。个性的能动性融入到设计之中，个性和差异将成为设计的导向，零部件的模块化组合提供了人们产品的多样化、标准化。消费者直接参与到了产品的设计与环境中，模块化设计是一种非常有效的创新方法（图 6–3–3 和图 6–3–4）。

图 6–3–3 积木式凳子

图 6–3–4 积木式多功能柜

#### 6.3.2.5 强化功能结构设计

这样的设计方法是来自功能主义的设计理论——美观是功能的自然表达。柯布西耶与沙里文所提倡的“形式追随功能”设计原则，在后现代设计理论之前就已经被质疑很长时间了，新材料和新技术的发展早已经颠覆功能主义设计的现实限制。但仍然有许多产品的结构特点非常明显，甚至是其主要特征，其中最为重要的产品之一就是家具。在这种结构特征非常明确的产品设计过程中，因为不想看到粗糙的结构，而刻意地营造造型是痛苦的。无法避免粗糙的结构，倒不如发掘结构本身的美感。换个角度，既然我们无法避开他，索性就强化它的视觉关系。

将研究对象的所有相关因素罗列出来，所有因素均有序、可控、可度量。然后再对所有因素进行分析。

如设计一组多功能组合柜，它的预想功能非常明确，满足各自功能条件也非常具体（图 6-3-5 和图 6-3-6）。

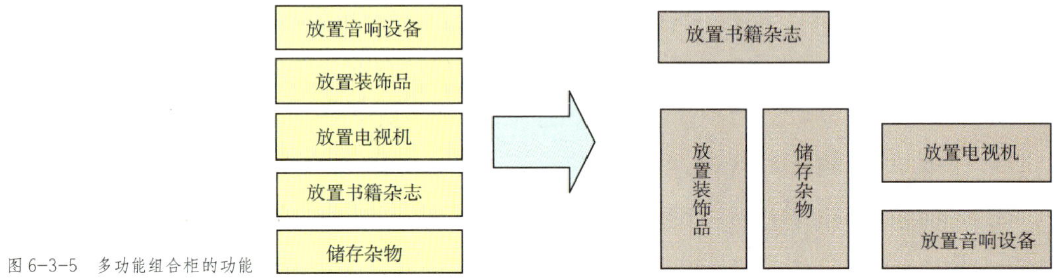


图 6-3-5 多功能组合柜的功能

图 6-3-6 多功能组合柜，欢乐单元
［图片来源：Acerbis 国际有限公司意大利（2001 年国际设计年鉴）］

以功能为基础的设计，当我们进行家具功能分析时，我们经常会发现有时家具功能是多重的、交叉重叠的、含混不清的，为了对功能进行深刻地分析，有必要对功能进行分类。

对于设计过程的计划、方案设计、总体设计、施工设计等阶段，分别进行功能分析与解剖，筛选出主要功能和次要功能，按照要求对设计命题重新认识，得到与实际需要相符初步设计方案，再解剖设计方案，进行细节设计，最终得到设计结果和设计文件。

例如儿童房床的技术系统分析如图 6-3-7 所示。

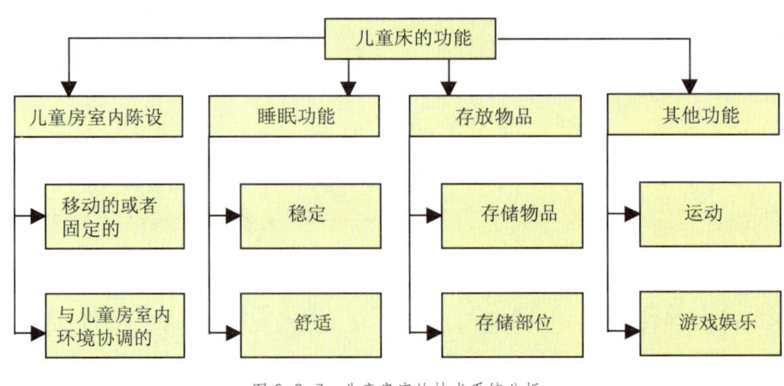


图 6-3-7 儿童房床的技术系统分析

符合图 6-3-7 所述功能的儿童房床如图 6-3-8 所示。

图 6-3-8 儿童房床
[ 图片来源：芙莱莎家具 ]

### 6.3.2.6 思维能力创新法

创造性思维高于抽象思维和形象思维，是抽象思维、发散思维、直觉思维、逆向思维等多种思维形式的协调统一，是智力与非智力因素的和谐统一。

（1）抽象思维又称逻辑思维，是认识过程中用反映事物共同属性和本质属性的概念作为基本思维形式。是相对于具象思维而言的，是在概念的基础上进得判断、推理、归纳反映现实的一种思维方式。

“当代家具中高技术品质的外观和特征”的设计方案如图 6-3-9 所示。

图 6-3-9 “当代家具中高技术品质的外观和特征”的设计方案

**家具以木质材料为主，金属件外露、刻意追求创造外露金属件的造型特征，高技术品质，将家具当成一件“设备”来设计，创造具有家具属性的“机器”。**

（2）形象思维是不脱离具体的形象，通过联想、想象、幻想，伴随着强烈的感情、鲜明的态度，运用集中概括的方法而进行的一种思维形式（图 6-3-10 和图 6-3-11）。

图 6-3-10 破土而生的嫩芽，生命的象征

图 6-3-11 可爱的小动物椅

许多“有机设计”就是运用这种思维方法的结果。将自然界的生物的特征（如形态特征等）加以抽象，并与“家具”概念相融合，按照家具的特点和要求重新对这些生物形态进行构思，进而产生具有双重特性的家具设计，以下列举从花卉到各种家具形态的思维路径（图 6-3-12）。

图 6-3-12 从花卉到各种家具形态的思维路径
（设计：赵静、张靳晰、罗晓）

（3）直觉思维是思维的“一闪念”，一种不加论证的判断力，是思想的自由创造。爱因斯坦说：真正可贵的因素是直觉。由于直觉往往是一种不肯定的东西，将直觉用于设计还需要对直觉进行缜密的思考，最终形成设计必须的设计方案或者设计思想。

当代利用直觉思维设计的户外家具产品如图 6-3-13 所示。

（a）

（b）

图 6-3-13　户外公共家具

（4）分合思维。分合思维即是把思考对象在思想中加以分解或合并，以产生新的思路、新的方案的思维方式。产品设计中分合思维的过程一般表现为：判断（判断是否可以分解和合并，其依据可能有很多，如功能是否属于同一类型，同一系列类型或一个连续过程的类型等）——分解和合并（分解和合并的最佳方法是什么）——重新合并和分解（与上述步骤的原则相同）——再分解和合并。

多功能家具设计非常适合使用这种思维方法（图 6-3-14 ~ 图 6-3-16）。

图 6-3-14　多功能躺椅
［图片来源：young european desigers］

图 6-3-15　会变形的桌子
［图片来源：young european desigers］

图 6-3-16 长凳

[图片来源：young european desigers]

（5）逆向思维。逆向思维即把思维方向逆转，用与原来的想法对立的，或表面上看来似乎不可能并存的两条思路去寻求解决问题的办法的思维形式。通俗地说，就是去想“为什么不……？”的问题。

如家具能卷起来吗？可以！枕头只能用来睡觉吗？当然还可以在伤心时用来拭泪。书架是用来干什么的？答案是放书。你一定认为我问这个问题很奇怪。那么书架肯定是空的才能将书放上去吧？但是有人偏偏反其道而行之，就要把书架事先放满书，那么我们自己的书放哪儿呢？别着急，你把书放进书架时，书架上面的假书就会向后弹开，这样平时我们没有那么多书放在书架上的时候，书架就不会空着很难看（图 6-3-17 ~图 6-3-20）。

图 6-3-17 能卷起来的展示柜

[图片来源：young european desigers]

图 6-3-18 能卷起来的椅子

[图片来源：创意家具设计爱好者网站，Topchair]

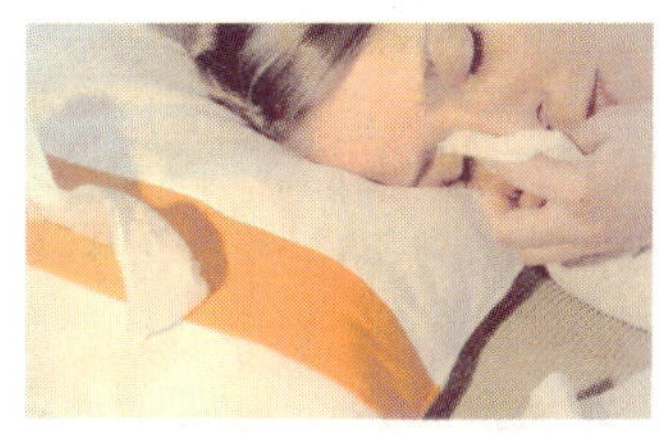

图 6-3-19 能擦眼泪的枕头
[图片来源：young european desigers]

图 6-3-20 不会空着的书架
[图片来源：产品创意思维方法]

（6）联想思维。你一定遇到过只找到一只袜子，而另外一只不知去向的情形吧。那么为什么袜子不能多拥有一只呢？英国的一位年轻的设计师通过自身的遭遇联想到这个问题，于是设计出 3 只袜子以防备其中一只丢失。

联想思维是将自己已经掌握的知识与某种思想联系起来，从其相关性中得到启发，从而获得创造性设想的思维方式。

我们经常听到：成功来自 99 分的努力加 1 分的天分。但事实上，在创造性行业里，1 分的天分往往决定了 99 分的成果。在遇到问题时只有展开海阔天空的想象，并把他们都和自己所思考的问题联想起来，创意才会源源不断地出现。

如家具与汽车，躺在草地上、水面上等（图 6-3-21 ~ 图 6-3-24）

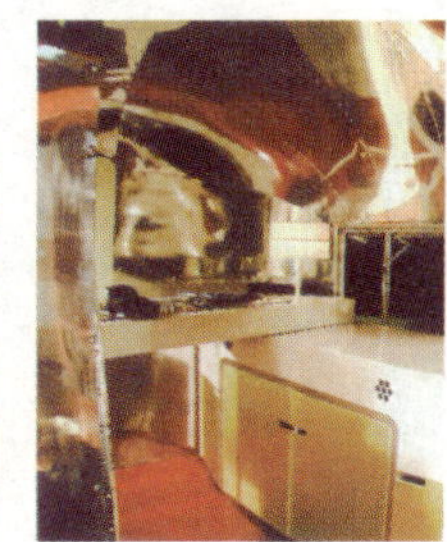

图 6-3-21 家具与汽车

图 6-3-22 可隐藏在草丛中的椅子

图 6-3-23 躺在水面上的浮椅

图 6-3-24 草地躺椅

#### 6.3.2.7 幽默式设计

幽默是一种生活态度。在今天这个时代，竞争越发激烈，人们感到前所未有的压力与焦虑。家具有时也可以作为一种幽默的喜剧要素，使人们从紧张的生活状态中得以缓解，所以幽默也可以作为家具设计的思路之一。幽默式设计的方法多样，如赋予家具以人物的某些特征，放大常见物品或是以讽刺或温馨的态度来对待设计等，都可以产生幽默的效果（图 6-3-25 ~ 图 6-3-28）。

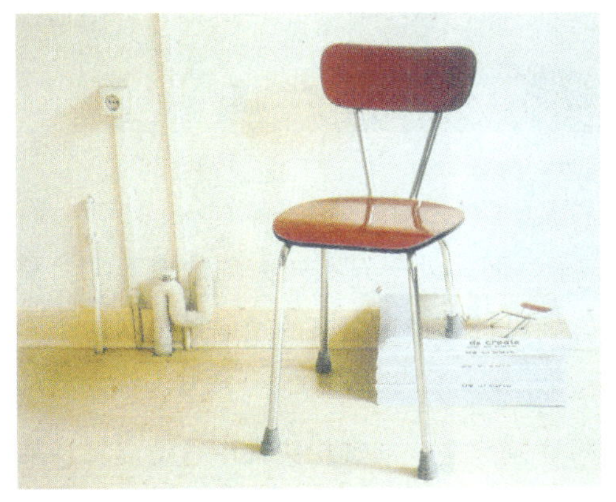

图 6-3-25 “报废”的椅子

为了使这把看上去已经报废的椅子能用，你必须往椅子腿里加点东西。而后它又变成了一把全新的椅子。

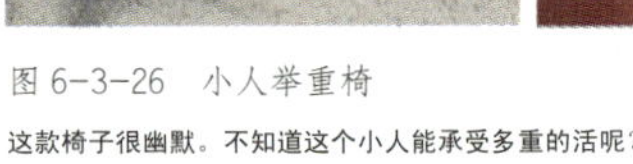

图 6-3-26 小人举重椅

这款椅子很幽默。不知道这个小人能承受多重的活呢？

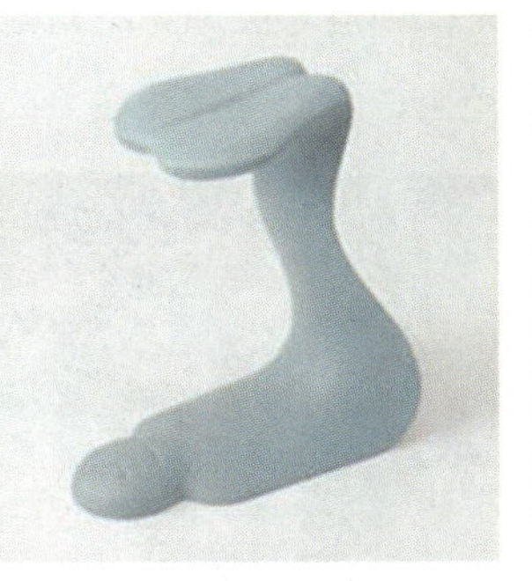

图 6-3-27 爸爸的爱

图 6-3-28 纠缠在一起的椅子

#### 6.3.2.8 “说故事”评价及语意分析法

说故事实际是给听者建立一个虚拟的情境，让听者有一个想象的体验。设计师可以提供设想和可能，让目标人群进行判断和选择，人们会期待什么样的生活，能够接受什么样的发展变化。

如对家具产品进行调研分析，很多专业术语顾客是不清楚的，我们可以用最通俗的语言进行调查，然后进行“语意转换”。如“放的东西越多越好”——空间利用率高；“自己装配”——可拆装；“可按照房间尺寸变化”——模数设计等。

#### 6.3.2.9 “模仿”式演绎经典设计法

“模仿”一直是比较有效的学习手段，一种风格或者式样的流行往往是对某一经典的认可和模仿。演绎的方式要求设计师具备几个基本素质。

首先，演绎不是翻译，不是拷贝粘贴，是对经典的设计语言的体会和消化。首先这应当是设计师积累设计经验的学习方法。其次，才是设计实务中应用的手段。建议给在学习家具设计课程中的同学们练习思路应该如下：

（1）先把经典设计的优点进行分析，归纳出设计特点和最精彩的造型语言是什么，然后再尝试自己发挥、改进设计，可以从局部入手，也可以从整体感觉开始。

（2）进一步的，利用同一种语言演绎，为经典设计幻想周边产品或者将其系列化。

（3）另外，还可以移花接木地将这种特点应用到完全不一样的设计上，例如生活工业产品的特点放大应用到家具中，建筑的特点用在家具产品上，视觉传达的特点应用到家具产品中。

总之“变”是万变之法则，没有哪一种法则是万能的和不变的，也没有一种能适合任何人的固定不变的法则。对于设计师而言，只有最适合自己的方法才是最好的方法。

## 课题设计

[设计内容]

运用家具设计创新方法中的任意一种，设计出一件或一组家具的设计初步方案。

[命题要点]

（1）家具的造型必须符合家具设计创新方法中的一种。

（2）结合运用家具造型的基本要素来进行设计。

（3）家具尺寸符合人机工程学。

（4）注意运用形式美法则的特点。

[时间安排]

共4周

第1周：设计对象分析、查找资料和构思草图。

第2周：方案讨论。

第3周：方案的推敲（六视图、效果图的制作）。

第4周：展板的整理和后期设计说明的制作。

## 作业与思考题

1. 结合具体的家具新产品开发设计项目，对当地及周边的地区家具市场，家具企业，家具消费者进行市场调研，并可以在互联网上进行国际与国内的专业设计信息检索与下载有关资料，撰写新产品开发设计市场调研报告 1 份。要求图文并茂，有具体的案例，数据分析和形成初步结论。

2. 初步家具设计方案（手创意草图 20 张以上）。

3. 计算机三维软件彩色设计效果图和设计方案（3 张以上）。

4. 家具设计模型制作一组（比例模型、用实际材质或模拟材质）。

## 学生作品赏析

**示例一："书妮"儿童组合家具**（设计：陈娇）

设计简评：

运用思维能力创新法和幽默法，采用有机设计，以儿童经常使用的文具：书本、铅笔和转笔刀为仿生原形。用丰富的色彩和简单厚实的形体来体现孩子的单纯，圆润的边角比较人性化的为孩子避免了很多不必要的伤害，书本形的椅子，在正常放置的时候是坐椅，侧倒放置的时候是躺椅，倒过来放还可以当滑梯。充分利用了有限的资源给孩子的学习生活带来趣味和色彩。该作品曾获得湖北省家具比赛优秀奖。

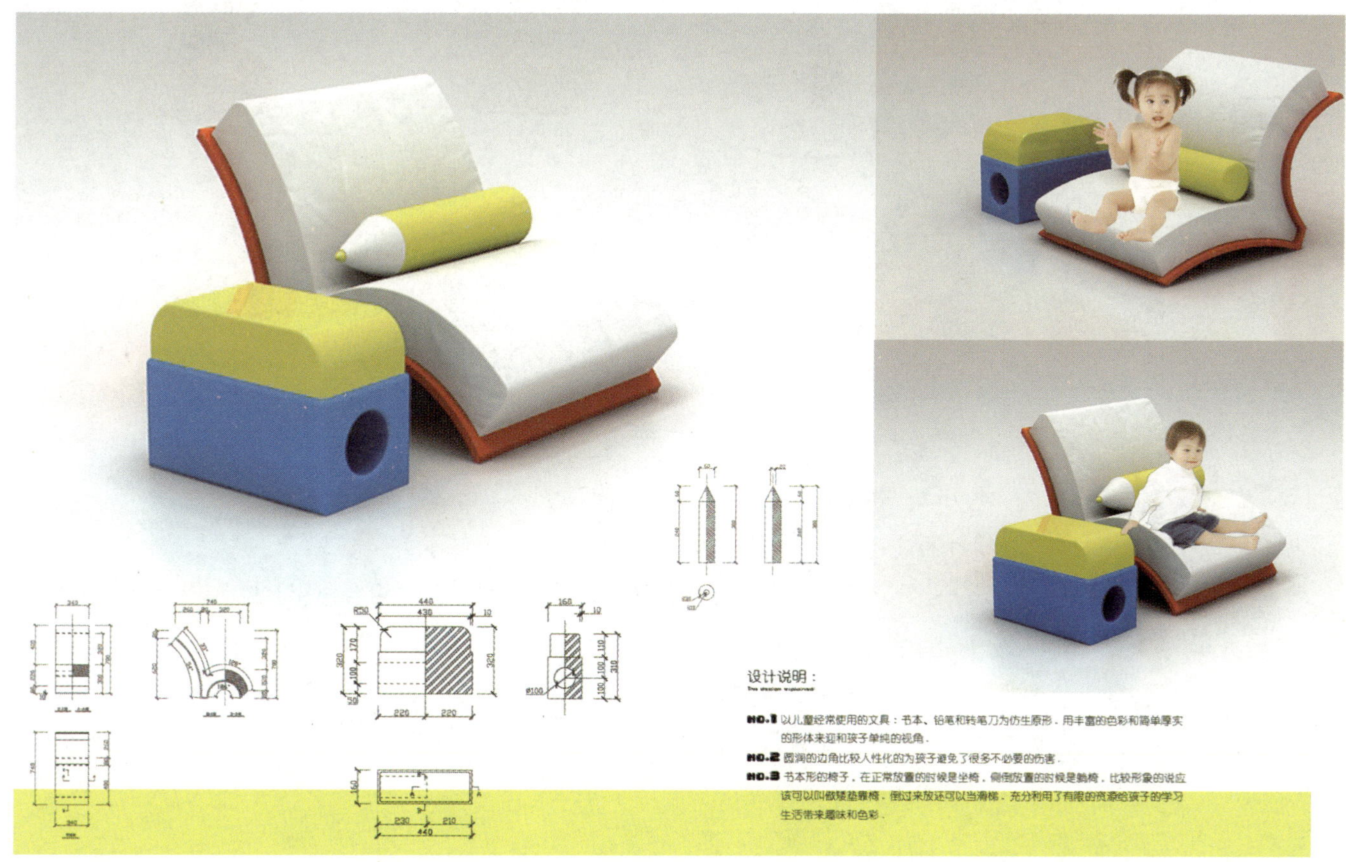


**示例二：圆舞·时尚**（设计：万昌怿）

设计简评：

作品运用思维能力创新法和人机工程学法设计，椅子的设计灵感来源于我国古代的一种计量时间的仪器——沙漏。椅背采用金属材料制成，坐椅的部分是塑料合成材料。整体形态将现代造型、色彩与现代艺术融为一体，追寻"以人为本"的原则，注重"材美工巧"。简单利落的线条，造型完美，结构坚固，美观大方。可运用在不同的空间。作品曾获得"柏丽雅杯""时尚·中国"第一届全国家具设计大赛入围奖。

## “圆舞·时尚”家具设计

示例三：Change “A”（设计：史忠蕊）

设计简评：

该套坐具运用分合思维方法整体造型简洁，可以自由组合使用。以A形为设计元素，取名为Change “A”，它的造型不受约束，随意摆放随意组合，体现现代人的自由、随意的感觉。同时多种使用方式，满足不同的人使用；折叠时，减少占地空间又增加了储存功能；把坐具折叠再展开使用，可以充当一个小台桌，也可以用作小矮凳。灵活多变是A字椅的特点所在。

Change “A”

透视图

折叠成储物格

改变成桌子或椅子

**示例四：雪花椅**（设计：谌小龙）

设计简评：

设计灵感就是来源于冬天漫天飞舞的雪花，通过对其形态的模拟而制作的雪花形态的椅子。整个椅子的颜色简洁，犹如一片洁白的雪花飘落。其中椅子坐垫部分采用了高密度海绵作为基底，然后外面覆皮革面料进行饰面，椅子的连接处则用不锈钢进行连接，连接杆采用液压系统，可以自由进行调节坐椅的高度。整个给人以清新、时尚、优美、和谐和轻便的休闲现代感。

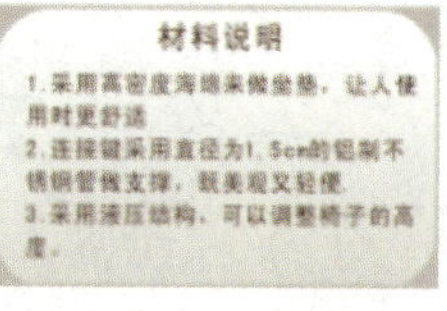


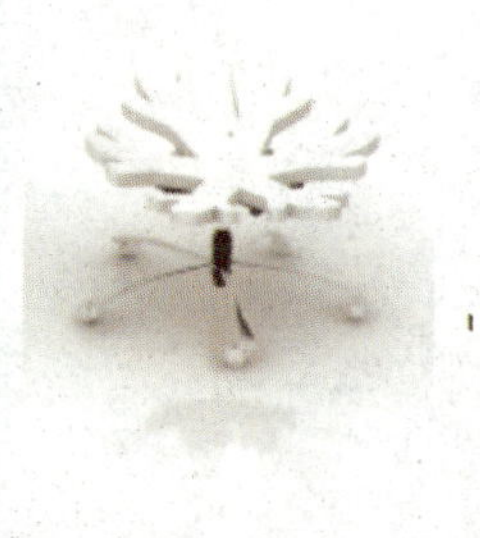

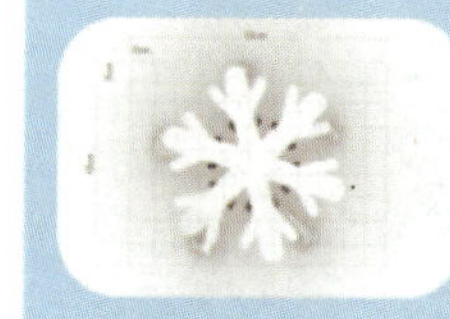

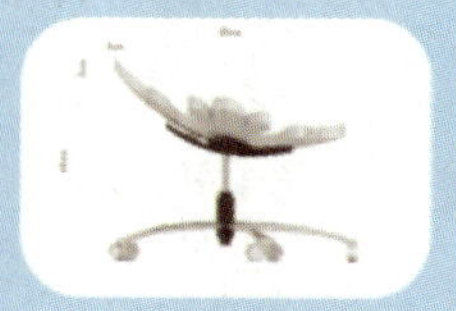

# 第7单元 家具设计程序

**学习目的**

家具设计程序是从许多实践中总结出来的一般规律和方法，家具从最初的设想变成现实，其间必须经过许多步骤的设计过程，充满了许多尚未解决和需要解决的问题。所以，严密的家具设计应包含、贯穿于从最初设想到产品完成有一个逻辑顺序的一系列步骤，全方位协调、解决家具的功能、材料、技术、造型，使家具达到完整的设计要求。帮助初学者走上良性的设计轨道。

**学习重点**

（1）通过常用的步骤与方法，拓展学生的思维创意。

（2）使学生能够掌握家具设计常用的步骤与方法，来进行具体的家具设计实践。

# 7.1 确立设计定位

家具设计的任务可能是设计者受业主委托而进行的，也可能是设计者自己提出的自由创作的任务，但无论哪一种，在进行设计之前必须要首先了解该项设计相关的设计要求、明确设计任务，这一步骤提供了有效的设计依据，确定设计定位，从而避免设计者因一时兴起而忘记原来的主题与设计目的，走向与原来设计要求完全无关的方向。

1948 年，美国学者 H.D. 拉斯韦尔在《传播在社会中的结构与功能》一文中首次提出了构成信息过程的 5 种基本要素，对信息活动的一般过程和要素进行了细致的研究和归纳。

Who（谁）设计何物——指必须明确该项设计的具体要求，设计的家具是什么，是桌子还是椅子?

Say What(说了什么）如何使用——这个家具在使用方面有何要求，是需要一个较大的空间用来存放物品还是只放置一些小型的装饰物品，是需要采用折叠式结构来节约空间，还是选用便携式、移动式等。

In which channel（通过什么渠道）在什么地方使用——这个家具是在什么环境中使用的，是在家居空间中使用? 还是在公共场所中使用? 还是在郊外旅游时使用等。

To whom （向谁说）为何人设计——这个家具是为什么人设计的，是男是女? 是老是少? 他们属于何种阶层? 有什么特点? 有什么好恶等。

With what effect（产生什么效果）——家具对人的影响，对环境的影响。

在动手设计和勾画草图之前，首先应在头脑中考虑上述几方面的问题，这就是设计构思的开始。构思的过程就是要不断调整这些因素的相互关系，使之明确化的过程。这样，设计的方向就逐渐明确化。

在分析阶段主要是逻辑思维，在概念阶段逻辑思维性加入了直觉性，而到了初级草图构想阶段，其关键点在于创新的一面。这时，家具产品只限于非常粗略的概念和理论上的家具产品结构，并不需要准确，是以实用和经济为底线的草图方案。

有些设计在概念草图上看上去很不错，但进一步深入思考时却不能成立。怎样才能解决这一问题? 有 3 种可能的方法：①尝试和失败法；②灵感法；③解决问题法。

前两项方法是大家熟悉的，并有很长的历史。它们的最大弱点就是花很长的时间，还不一定能找到成功的方案。在设计界，许多人士感到费解，为什么不采用解决问题法? 这样就可以提高成功率，同时还可以减少时间。对于设计创意的方法有许多，根据设计任务的复杂程度，有些方法可以混合使用。下面是三种简单而常见的设计创意草案初级阶段的方法。

## 7.1.1 标准的大脑激荡法

说明：在一定的时间限度内，一组人以讨论的方式，发挥创造性的创意。下面是有关传统的大脑激荡法的规定：每个人都有不受束缚自由发言的权利。每个人可以选择别人的创意并向前发展，但批评是不允许的（如："这不行！"，"成本太高！"，"以前已经有了！"）

数量的增加会带来质量的变化。原因和逻辑性在这里并不重要。但要保证所有的创意不丢失。在讨论中所有的建议，必须记录在黑板上，每一个人都能看到。最好是写在纸上以便保存备忘。

### 7.1.2 破坏性——建议性的大脑激荡法

说明：首先，举出问题的弱点。例如，在家具产品开发中，针对所有收集的相关问题及来源，用传统的大脑激荡法，寻找弱点。其次，用简短的时间证明所提出的问题，并给出第一个解决方案的建议。这种方法特别适合家具产品再设计任务。

### 7.1.3 相似、类推

这种方法在家具产品开发中运用得非常成功。它要求设计师具有自发性、想象力和改良的才华。你想象一下，家具的造型有多么的相似。这里我们不难看出相似在具体实践中有多么的成功。

相似也是仿生的例子。它运用自然中潜在的、成熟的技术方案。首先是验明自然中潜在的、成熟的技术方案的决定性的功能原型，然后，运用到相似的设计问题中去。

在考虑问题时，必须将问题普遍化，从完全不同的领域寻求新的相似性（从问题中走出来）。当你发现了潜在的问题解决方案后，再回到原先的问题上，检验它们对创新方案是否合适。

当我们在对问题作出如此多方面的分析时，我们的思维很难平静下来做创造性的研究，因此，我们最初的解决方案通常会比较保守。我们有必要使自己（每个人都应该准备好）从这些解决方案中摆脱出来，向小组成员展示他们的新方案。在大脑激荡过程中，我们不应扼杀或阻碍新创意的发展。要使自己从第一阶段的创意中摆脱出来，解放自己，才能进行下一步的工作。

这里，创造性就意味着横向思维。眼界要宽、思想要解放。

指明了设计的方向与设计的范围，从而不会使初学者感到无从下手。

## 7.2 收集资料，进行分析

收集与整理资料是设计的重要步骤，通过这一步骤，设计者可以从他人的作品中吸取有益的部分，开阔视野，触发灵感，从而形成自己的设计构思。这种收集既依赖于平时的积累，同时针对该项设计要求而进行的专门化的收集也是重要的。资料的来源广泛，一般来说，查阅书籍资料与市场调查是两条便捷的途径。

### 7.2.1 市场资讯的全面调查

21 世纪是信息化的社会，“数字化生存”已经成为各个专业领域发展的方向，家具的设计与开发是以市场为导向的创造性活动，它要求创造消费市场满足大众需求，同时又能批量生产，便于制造，更重要的是为企业创造效益，这是一个产品开发与设计必须真正把握和解决好的系列化问题。设计开发的首要前提就是资讯的搜集与整理，而且要从实战的角度进行有效的市场调研，要善于从浩瀚的信息资料海洋中寻找收集出有价值的信息，在此基础上进行纵向与横向的对比，对市场与信息进行准确的分析与定位，才能保证设计的成功，在信息资讯非常发达的今天，我们可以采取以下方面进行资讯搜寻。

#### 7.2.1.1　国际互联网与专业期刊资料的资讯搜寻

寻找新的资讯搜寻方式，要善于在互联网上感知与搜寻全球家具设计，家具市场发生的最新信息和动态，包括相关的建筑设计、工业设计、平面设计、服装设计、汽车设计、家电设计以及电子商务、网上购物、网上商场等大量的专业资讯，从家具设计开发这个角度来看，我们可以在互联网上迅速地了解到美国、德国、北欧、意大利、日本等世界设计大国和地区的有关著名设计公司与设计大师的最新设计作品，可以迅速地了解到全球最新举办的设计大赛，国际家具博览会的最新信息，也可以非常具体地了解某一著名家具公司的详细信息资料……要善于分门别类整理收集，并形成个人的专业资料库，储存最新的专业资讯。

#### 7.2.1.2　家具市场的调查研究

家具市场是从事家具设计专业学习调研的第二大课堂，目前，全国各地都已基本形成一些家具销售的中心市场和集散地，在上海、北京等大中城市，家具、家居、家饰、灯具、布艺、装饰装修建材的专业大市场大商城都在逐步形成，这是一个学习、研究、调查家具信息的真实具体的设计市场环境，我们可以在市场开展各种专项的调查与资讯的第一手资料的搜集，对消费者的调研等要善于在市场中开展与家具销售商，家具购买顾客的问卷调查、随机访问，要尽可能地搜集一些家具品牌的广告画册，家具的价格、款式、销量，不同消费者对产品造型、色彩、装饰、包装运输的意见和要求等。

#### 7.2.1.3　家具博览会调研，参加家具设计展

国际与国内每年都要定期举办家具博览会，这是观摩学习家具设计搜集专业资料的最佳机会。国内近年来家具博览会也风起云涌，热闹非凡，家具设计也是越来越引起行业内的重视，杭州、上海、深圳、广州、东莞的家具展每年都会举办家具设计大赛和家具设计评奖，通过家具竞赛，使正在学习家具设计的学生能够展示自己的设计作品，对促进中国现代家具设计具有深远的意义。

#### 7.2.1.4　家具工厂生产工艺的观摩与调研

现代家具的大工业生产方式，使得家具的生产制作，不是少数几个人或一个工厂可以完成的，而要经过多道工序，多种专业的配合，多个专业化部件工厂的协作，并以现代化生产流程的方式完成。所以，从事家具的设计与开发，必须对家具的生产工艺流程、家具的零部件结构要有清晰的了解和掌握，最好的办法就是到各个不同的专业家具工厂做实地的观摩、学习和考察。

### 7.2.2　资讯的整理与分析

在广泛收集资料的基础上，展开对资料的整理与分析。首先从众多资料中选出部分有研究价值的内容进行深入研究，分析其设计的法则、构思和产品的优缺点，对于细节（如节点、装饰等）也要注意，如果是实物还应进行测绘。

分析的内容包括以下几项。

（1）使用状态的研究。

（2）尺寸的研究。

（3）材料及加工方法的研究。

（4）构造的研究。

（5）细节的研究。

（6）设计者设计思路的分析。

## 7.2.3 草图与构思

在经过设计任务分析与资料收集这两个程序以后，设计者的脑海中已形成了初步设计概念和雏形，此时可以用草图的形式将之记录下来。

草图就是快速将设计构思记录下来的简便的图形，它通常不够完美，但却直观地反映了设计者的设想。草图一般采用徒手画的方式，用便于表现修改的工具来操作。一般来说，一个设计通常要标绘很多张草图，再经过比较、综合、反复推敲，可以优选出其中较好的方案。

草图的第二阶段是对设计细节的进一步研究。此时尽可能地描绘出各部分的结构分解图，一些接合点的连接方式也要放大绘出。家具使用的材料及家具的各部分尺寸也要进行确定。最后是色彩的调节，可以使用色笔作多种色彩的配置组合图，从中选择出符合设计要求的一张（图 7-2-1）。

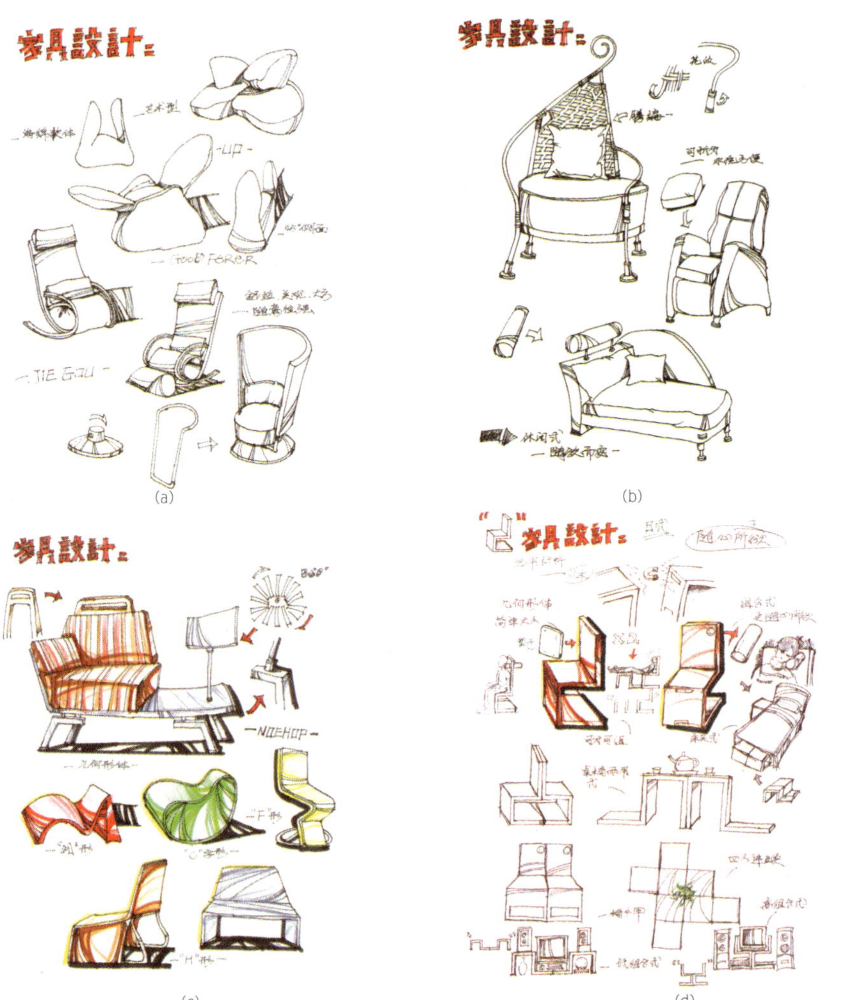


图 7-2-1 系列草图（绘制：刘冲）

## 7.2.4　设计表达

设计表达阶段就是用图纸或模型表现出产品的过程。它包括三视图、效果图、模型制作等几种形式。

### 7.2.4.1　三视图

三视图（一般采用 1 ∶ 1 或 1 ∶ 2 的比例）绘制的家具正视图、侧视图和俯视图，不同于草图和生产图，而是将家具的形象按照比例绘出，体现家具的形态，以便进一步分析。三视图通常是提供给使用者、方案评定者观看的，在此基础上绘制的透视效果图，可以比较正确地反映出家具的空间形象，模拟表现出家具的材料（图 7-2-2 ~ 图 7-2-4）。

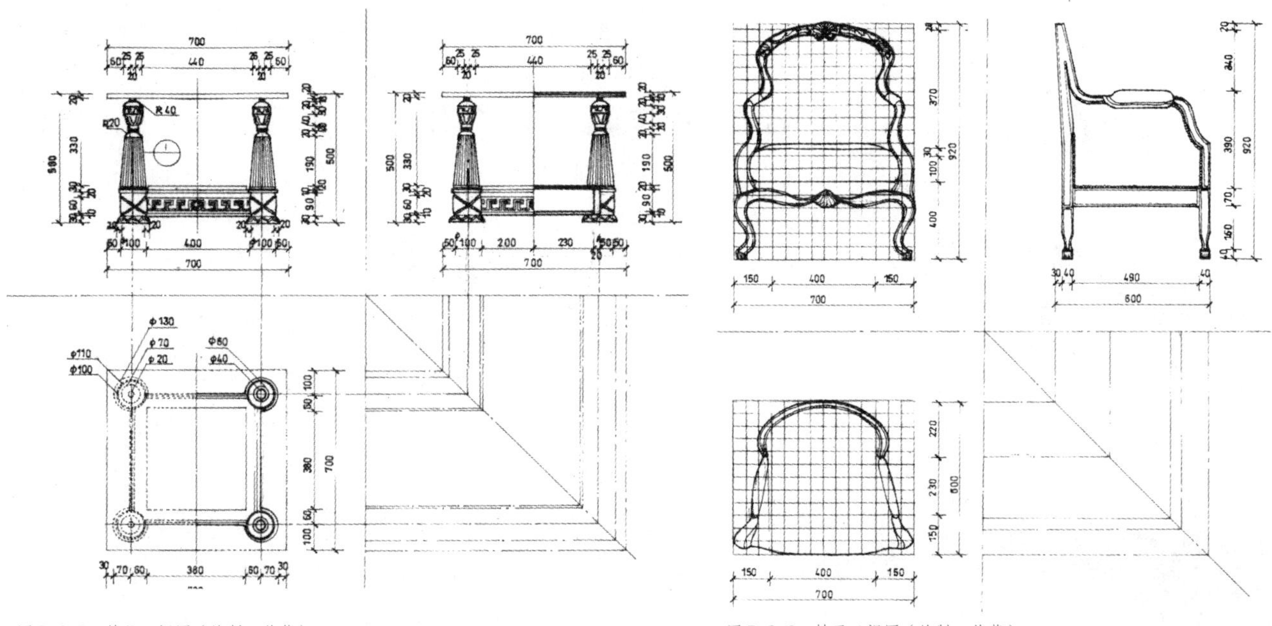

图 7-2-2　茶几三视图（绘制：范蓓）

图 7-2-3　椅子三视图（绘制：范蓓）

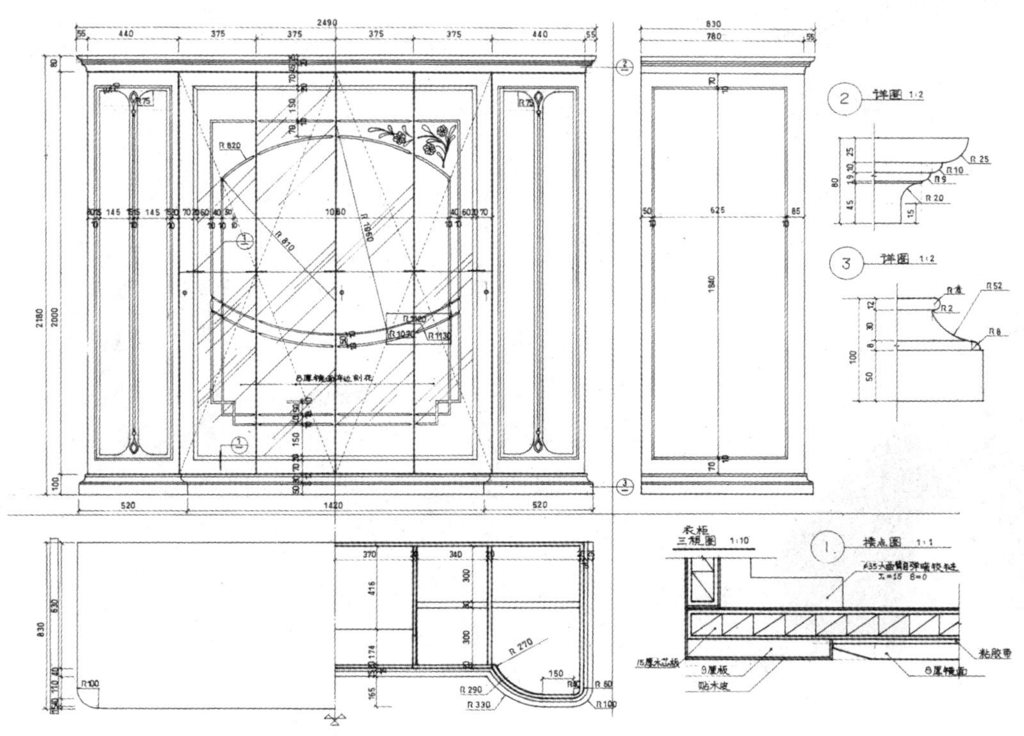

图 7-2-4　衣柜三视图、大样详图

图 7-2-5 作品名称：好马桌 （设计：宋奕君）

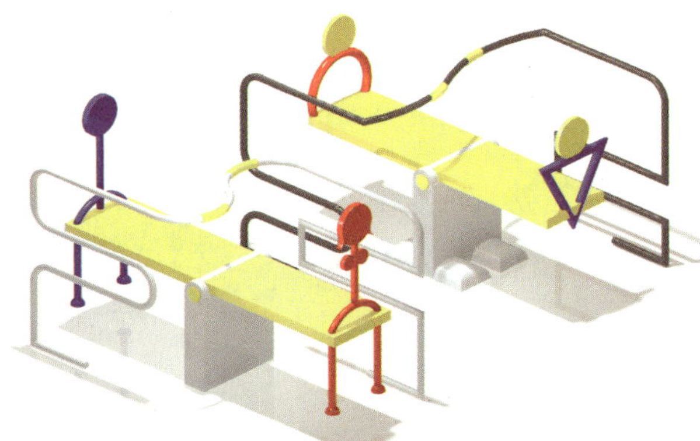

图 7-2-6 作品名称：翘翘椅 （设计：陈海仪）

图 7-2-7 风车椅 （设计：杨艳）

### 7.2.4.2 效果图

随着设计工具材料的发展和运用，特别是电脑辅助设计的迅猛发展，三维立体效果图的表现技法和技能更加丰富多彩。用电脑三维设计软件绘制效果图更是近年来越来越流行的普及的方法，由于电脑三维造型设计软件更高效率与更逼真精确的三维建模渲染技术，特别是近年来专业设计软件的开发与升级，使电脑三维造型设计的软件功能越来越强大，如 3DMAX 、PRE/E 等为效果图设计提供了更现代化的便利工具。虽然三维软件模型的生成速度比手工绘图并不见得有很大优势，但其高度的准确性和虚拟性及可高速性是手工绘图不能比拟的。一旦数字模型建成，不管设计反复修改多少次，对形状、材料及颜色的推敲都很方便。所以，电脑效果图越来越成为产品开发设计效果图的首选，成为新一代设计师的数字化设计工具（图 7-2-5 和图 7-2-6）。

### 7.2.4.3 模型制作

家具产品开发设计不同于其他设计，它是立体的物质实体性设计，单纯依靠平面的设计效果图检验不出实际造型产品的空间体量关系和材质肌理，模型制作是家具由设计向生产转化阶段的重要一环，最终产品的形象和品质感，尤其是家具造型中的微妙曲线，材质肌理的感觉必须辅以各种立体模型制作手法来对平面设计方案进行检测和修改。虽然三视图和效果图已经可以充分表达设计意图，但它们都是在平面上表现的，也都是按一定的视点和方向绘制，所以并不全面。因而在设计过程中，还可以利用简单材料和加工手段，按一定比例（一般采用 1 ∶ 1、1 ∶ 2 或 1 ∶ 5）制造出模型，以便推敲造型比例，确定结构方式和材料的选择与搭配，这是一种有效的辅助手段例如风车椅模型的制作，为坐而设计的家具模型的制作（图 7-2-7）。

制作模型的材料一般包括：厚纸质、吹塑纸、纸板、金属丝、软木、泡沫塑料、薄木片、木纹纸、木板等。制造模型的工具是一些常用的剪刀、夹子、钳子、刀、尺、胶水、小型模型机等。制作完成后的模型可以配合适当的环境拍摄成照片，这样显得更为真实。通过制作模型可以直观反映出设计是否合理恰当，以便进一步改进。

图 7-2-8 为学生利用一些模型工具在老师的带领下制作椅子模型的过程。

图 7-2-8“为坐而设计”的家具模型

（图片来源：建筑设计与模型制作）

# 学生作品赏析

作品名称："Bending of beauty"（设计：史忠蕊）

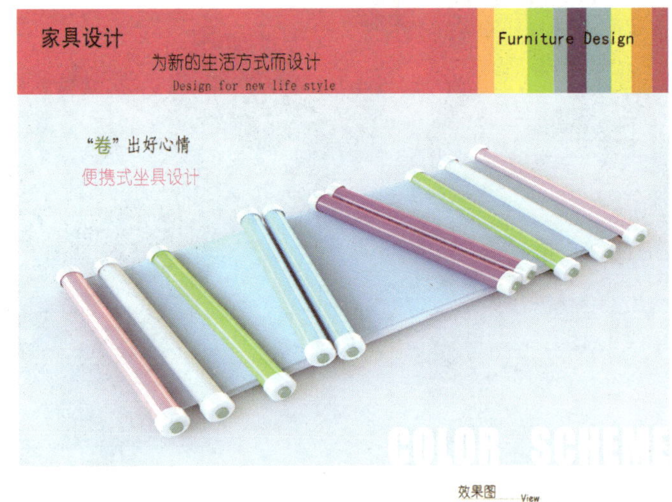


设计说明 Design Description

此款坐具设计适用公共场所，休闲娱乐等场所。

此款坐具设计主要采用了塑料外壳和钢琴烤漆；坐垫采用的半透明硅胶，方便轻巧易清洁。生活中处处可用，小巧轻便，坐具的长度仅有30cm和普通的太阳伞大小长度，其可以拉伸到1.6m，足够两个人同时坐下；这款坐具解决了人们在生活中养成的坏习惯，它不仅给人们的生活方式带来了改变，其时更大的解决了城市环境，减少很多环境污染。

此款坐具的造型很人性化，双手拉开即可打开坐具，同时两侧的圆柱旋转即可把坐具收回。它主要适合年轻时尚的人，因为此款坐具具有时尚感，色彩方案也是采用了七彩的色调，给人以轻松清爽的感觉。

效果图 View

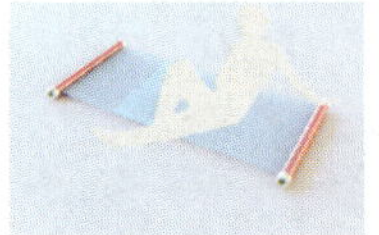

细节 Details

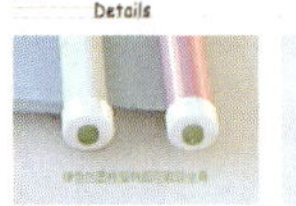

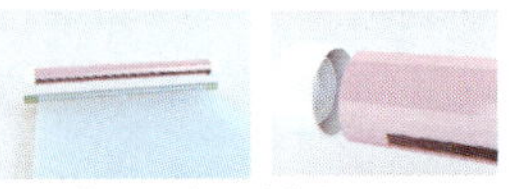

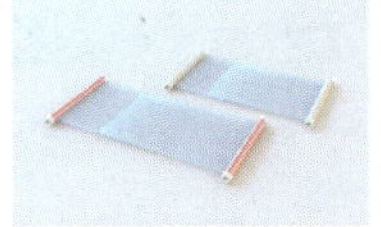

作品名称："卷"出好心情（设计：尉倩）

Sand-Beach Chairs

家具设计

## 沙滩椅设计

● 功能结构分析

不锈钢管放置在两组沙滩椅中间由两边的沙滩椅夹住，不用其它固定也可以放置平稳

沙滩椅可供人休息的部位可以随意展开和收卷，随用户喜爱调节其展开长度

蓝色水平部分可供用户放置饮料、防晒油、浴巾等物品

遮阳伞直接插在不锈钢管中间，也可以随意调节其高度

不锈钢管插入沙子中，既可以稳固沙滩椅子，又便于安装拆卸，简单方便

每组沙滩椅由一蓝一白两个部分组成，蓝白冷色为炎热的夏日带来不一样的感觉

● 设计说明

沙滩椅的设计灵感来源于卷轴，在如今人们日益追求简便快捷的年代，此款沙滩椅利用卷轴的原理，用新型材料将椅子可坐卧部分设计成可随意展开和收卷的形式，随用户自己调节其展开长度，同时更加方便搬运、安装、拆卸和存放。沙滩椅选用蓝白两色组合，为炎热的夏日增添几分凉爽的气息，新型的材料除了具有延展性外，还具有优良的绝热性能，能使沙滩椅保持冰凉的外表，这款沙滩椅是夏日海边坐具的不二之选。

● 使用展示

作品名称：沙滩椅设计（设计：何兮兮）

作品名称：小丑鱼（设计：袁旺）

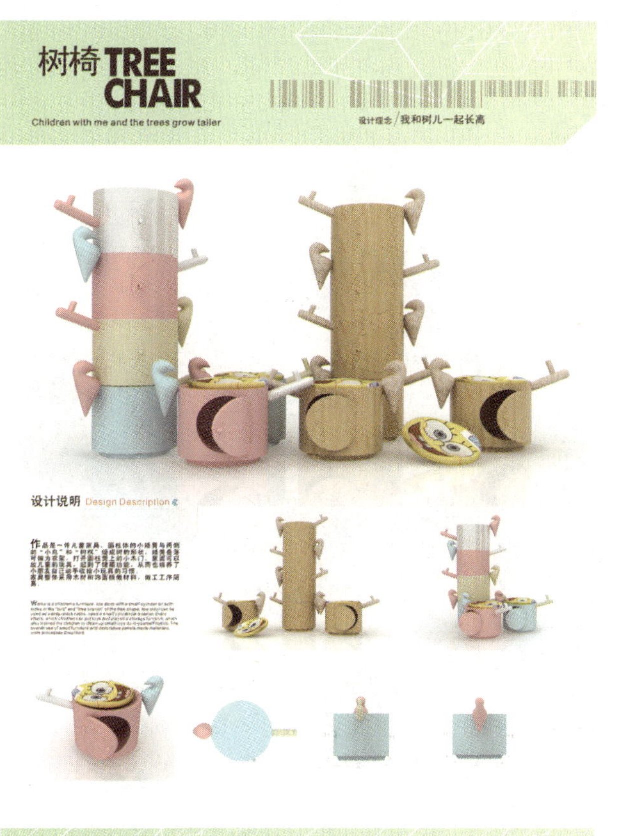


作品名称：树椅（设计：张瑞）

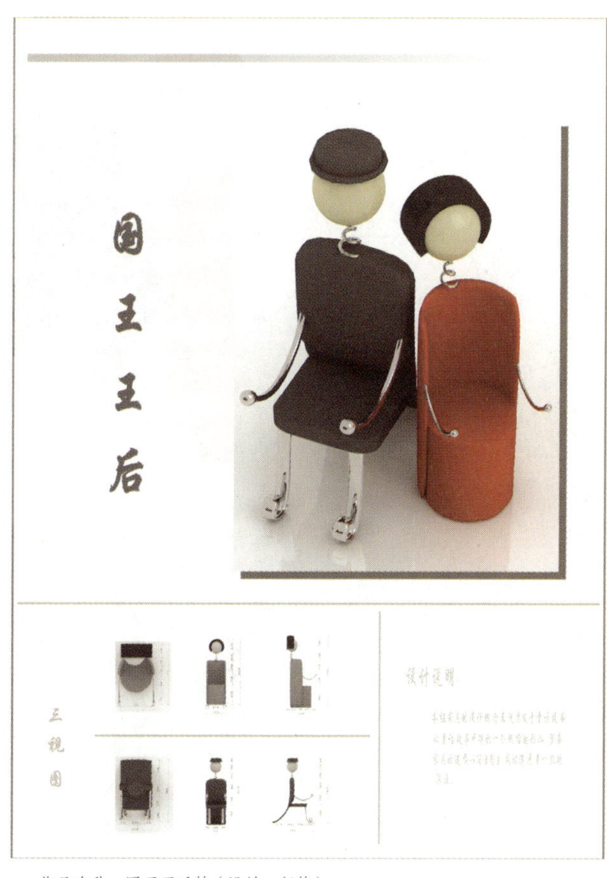


作品名称：国王王后椅（设计：赵静）

Flying...

take you to fly...

设计说明：

这种座椅是为人们在公园、小区内等公共休息场所提供。最大特点就是将座椅设计成海鸥的形状，并赋予其鲜亮的颜色。给人一种神清气爽的感觉，让心境更加的开阔。

别致的外观设计，带给人们无限的遐想，让人们坐上去有一种飞翔的感觉。座面运用人机工程学原理，舒适美观。在座椅的底部用底座固定，使座椅更加牢固。

能和限定的环境在功能与形式（颜色、外形等）上有机结合。

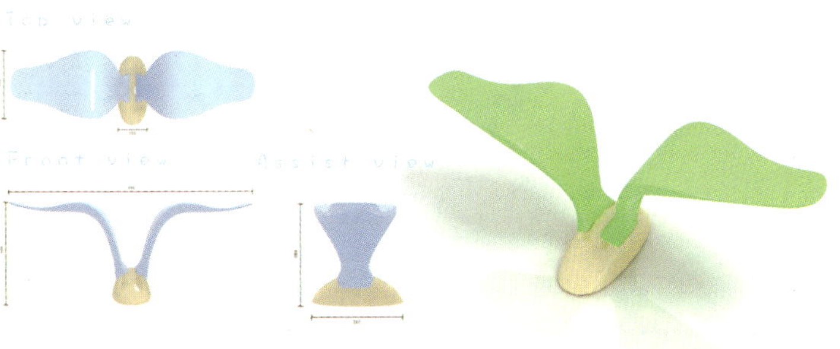

作品名称："Flying"（设计：冀峰）

作品名称：休闲桌椅（设计：朱张磊）

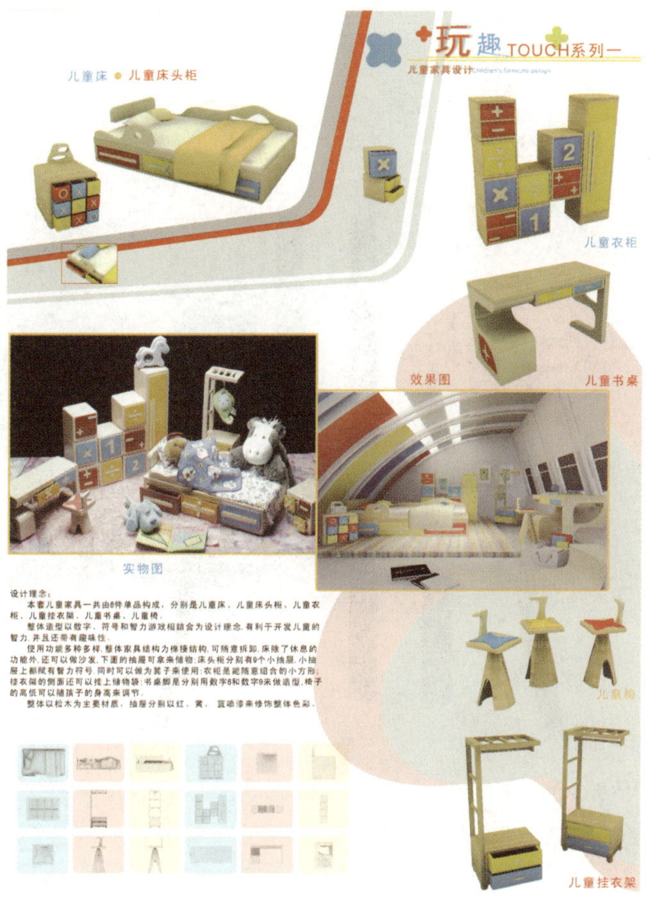


作品名称：玩趣系列一（设计：杨艳 万昌怿）

作品名称：玩趣系列二（设计：杨艳 万昌怿）

## 新中式圈椅

纵观中国的设计与世界各国的设计，不难发现中国的文化正被西方艺术文化所侵略，中国五千年的传统文化已在不知不觉中被西化！当全世界都向西的时候，我们向东！

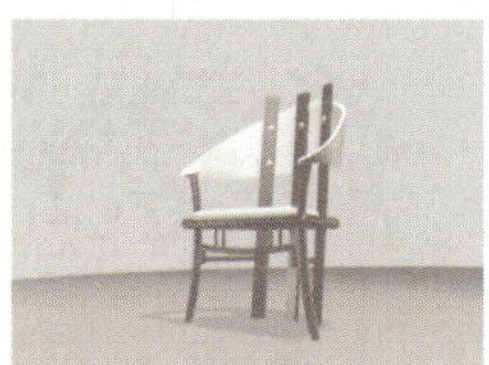

这款椅子将中国明清传统家具风格与现代时尚元素相结合，形成一种独特典雅的气质，造型优雅古典但不失现代感，椅子靠背的设计灵感来自于中国如意，并且巧妙的将椅子腿部与靠背连接使这款椅子自上而下浑然天成。细节部分运用了东方传统的圆点，不但承载了椅子腿部与靠背的连接而且具有装饰作用，中国气质的花窗既美观大方又固定了前腿结构。设计选用纯净的白色皮质和色调较沉稳的黑胡桃木让这款椅子庄重中透出一股灵气。

作品名称：新中式圈椅（设计：王晓彦）

作品名称：系列儿童家具（设计：王悦）

# 参考文献


[1] 梁启凡 . 环境艺术设计家具设计 . 北京：中国轻工业出版社，2001.

[2] 朱丹，郭玉良 . 家具设计 . 北京：中国电力出版社，2008.

[3] 刘文金，唐立华 . 当代家具设计理论研究 . 北京：中国林业出版社，2007.

[4] 胡景初，戴向东. 家具设计概论. 北京：中国林业出版社，1999.

[5] 张克非 . 家具设计 . 沈阳：辽宁美术出版社，2006.

[6] 尹定邦 . 设计学概论 . 长沙：湖南科学技术出版社，1999.

[7] 李砚祖 . 工艺美术概论 . 北京：中国轻工业出版社，1999.

[8] 张同 . 产品系统设计 . 上海：上海人民美术出版社，2004.

[9] 王抗生 . 中国传统艺术 . 北京：中国轻工业出版社，2000.

[10] 李雨红 . 中外家具发展史 . 哈尔滨：东北林业大学出版社，2000.

[11] 方海 . 芬兰现代家具 . 北京：中国建筑工业出版社，2002.

[12] 上海家具研究所 . 家具设计手册 . 北京 : 中国轻工业出版社 ,1989.

[13] 李风崧 . 家具设计 . 北京：中国建筑工业出版社 ,1999.

[14] 李文彬 . 建筑室内与家具设计人体工程学 . 北京 : 中国林业出版社 ,2001.

[15] 伯恩哈德・E・布尔德克 . 产品设计历史、理论与实务 . 北京：中国建筑工业出版社，2007.

[16] 李峰 ，吴丹 . 从构成走向产品设计 . 北京：中国建筑工业出版社，2005.

[17] 陈慎任 . 设计形态语义学艺术形态语义 . 北京：化学工业出版社，2005.

[18] 1000new eco designs and where to find them. rebecca proctor,2009

[19] 赵剑清 . 产品设计教学解码 . 福州：福建美术出版社 ,1996 .

[20] 吉姆・莱斯科 . 工业设计材料与加工手册 . 北京：中国水利水电出版社 ,2005.

[21] 克里斯・莱夫特瑞 . 欧美工业设计 5 大材料顶尖创意 . 上海：上海人民美术出版社 ,2004.

[22] 田原 . 装饰材料设计与应用 . 北京：中国建筑工业出版社 .2006.

[23] 何颂飞 . 工业设计内涵思维创意 . 北京：中国青年出版社 ,2007.

[24] 刘文金、唐立华 . 当代家具设计理论研究 . 北京：中国林业出版社 ,2007.

[25] Jacobo Krauel.Street furniture.Carles Broto I Comerma.